天然高分子材料研究

张军涛　著

黑龙江科学技术出版社
HEILONGJIANG SCIENCE AND TECHNOLOGY PRESS

图书在版编目(CIP)数据

天然高分子材料研究 / 张军涛著. -- 哈尔滨 : 黑龙江科学技术出版社, 2024. 6. -- ISBN 978-7-5719-2449-2

Ⅰ. TB324

中国国家版本馆 CIP 数据核字第 20240BT218 号

天然高分子材料研究

TIANRAN GAOFENZI CAILIAO YANJIU

张军涛　著

责任编辑　杨广斌

封面设计　小　溪

出　　版　黑龙江科学技术出版社

地址:哈尔滨市南岗区公安街 70-2 号　邮编:150007

电话:(0451)53642106　传真:(0451)53642143

网址:www.lkcbs.cn

发　　行　全国新华书店

印　　刷　哈尔滨翰翔印务有限公司

开　　本　787 mm×1092 mm　1/16

印　　张　8.25

字　　数　160 千字

版　　次　2024 年 6 月第 1 版

印　　次　2024 年 6 月第 1 次印刷

书　　号　ISBN 978-7-5719-2449-2

定　　价　55.00 元

前　言

天然高分子材料作为自然界赋予人类的宝贵资源，一直以来在人们的日常生活中扮演着举足轻重的角色。它们不仅广泛存在于动植物的体内，还具备多种独特的物理和化学性质，在多个领域具有广泛的应用前景。天然高分子材料是指来源于自然界的、由高分子化合物构成的材料。这些材料往往具有可再生、可降解等环保特性，符合当前社会对可持续发展的迫切需求。同时，它们还具备优异的生物相容性和生物活性，在医疗、生物工程等领域的应用中展现出独特的优势。

从动植物中提取的天然高分子材料，如蛋白质、纤维素、淀粉等，不仅来源丰富，而且其结构和性能的可调性也为人们提供了广阔的创新空间。通过物理、化学、生物等手段对这些材料进行改性或加工，可以进一步拓展其应用领域，满足人们不断增长的需求。

由于其可再生和可降解的特性，这些材料在替代传统石油基高分子材料、减少环境污染等方面具有巨大的潜力。因此，深入研究天然高分子材料的制备、改性和应用，对于推动绿色化学和可持续发展具有重要意义。

本书从天然高分子材料概述出发，对天然高分子材料的类型进行梳理总结，论述了天然高分子材料的制备与加工技术，并对天然高分子材料的应用进行探索。希望本书的介绍能够为读者在天然高分子材料研究方面提供帮助。

在写作过程中，笔者参阅了相关文献资料，在此，谨向其作者深表谢忱。

由于作者水平有限，书中疏漏和缺点在所难免，希望得到广大读者的批评指正，并衷心希望同行不吝赐教。

张军涛

2024 年 4 月

目　录

第一章　天然高分子材料概述

第一节　天然高分子材料的物理性能

一、力学性能

(一)拉伸强度与断裂伸长率

拉伸强度和断裂伸长率是评价天然高分子材料力学性能的两个重要指标。拉伸强度反映材料抵抗拉伸变形的能力，而断裂伸长率则表征材料在断裂前能够承受的最大变形程度。这两个指标共同决定了天然高分子材料在实际应用中的力学表现和使用寿命。

天然高分子材料的拉伸强度受到多种因素的影响，如分子量、结晶度、取向度等。一般而言，分子量越大，分子链间的缠结和作用力就越强，材料的拉伸强度也就越高。结晶度的提高能够增强分子链的规整性和有序性，使材料更加致密，从而提升拉伸强度。而取向度的增加则能够使分子链沿拉伸方向排列，形成更多的应力传递路径，进一步增强材料的抗拉能力。因此，通过调控天然高分子材料的分子结构和形态，可以有效改善其拉伸强度。

断裂伸长率则主要取决于天然高分子材料的柔韧性和延展性。柔韧性高的材料在受力时能够发生较大的变形而不被破坏，表现出优异的断裂伸长率。这种性能与材料的分子结构密切相关。一般来说，线型结构、无规共聚以及较低的交联度都有利于提高天然高分子材料的断裂伸长率。此外，增塑剂的加入也能够显著改善材料的柔韧性，使其在应力作用下表现出更大的变形能力。

天然高分子材料的拉伸强度和断裂伸长率还受到环境因素的影响，如温度、湿度等。温度的升高会增强分子链的运动能力，降低材料的拉伸强度，但同时也会提高其断裂伸长率。而湿度的增加则会使材料吸水膨胀，导致力学性能的下降。因此，在实际应用中，必须充分考虑环境因素对天然高分子材料力学性能的影响，并采取相应的措施加以控制。

拉伸强度和断裂伸长率的测试是评价天然高分子材料力学性能的重要手段。通过拉伸实验，可以获得材料的应力一应变曲线，从而计算出拉伸强度和断裂伸长率等关键参数。这些数据不仅能够反映材料的基本力学特性，还能为材料的改性和应用提供重要依据。例如，通过比较不同改性方法对拉伸强度和断裂伸长率的影响，可以筛选出最优的改性工艺；而通过分析材料在实际应用条件下的力学表现，则可以预测其使用寿命和失效模式，为产品设计和性能优化提供参考。

(二)弹性模量

弹性模量是表征材料在弹性变形范围内抵抗变形能力的重要力学性能指标。对于天然高分子材料而言，弹性模量不仅反映了材料的刚性程度，更体现出其独特的微观结构特征和分子链构象。天然高分子材料的弹性模量受多种因素影响，如分子量、结晶度、取向度等，通过深入研究这些因素与弹性模量之间的关系，可以为天然高分子材料的加工与改性提供理论指导。

1.分子链的柔顺性

分子链的柔顺性越好，天然高分子材料在外力作用下容越易发生构象变化，表现出较低的弹性模量；反之，分子链刚性越强，天然高分子材料构象变化受限，呈现出较高的弹性模量。以纤维素为例，其分子链含有大量的氢键，使得分子链刚性较强，因而具有较高的弹性模量。相比之下，天然橡胶的分子链柔顺性好，在外力作用下能发生较大的构象变化，表现出较低的弹性模量。

2.结晶度

一般来说，结晶度越高，分子链排列越规整，材料的弹性模量也越高。这是因为结晶区域内分子链间存在大量的次级键作用，限制了分子链的运动，使材料表现出更高的刚性。以壳聚糖为例，具有较高结晶度的壳聚糖弹性模量可达到10GPa左右，远高于结晶度较低的壳聚糖。通过调控天然高分子材料的结晶度，可以在一定程度上调节其弹性模量，满足不同应用领域的需求。

3.取向度

在加工过程中，如纺丝、拉伸等，天然高分子材料的分子链会沿着特定方向排列，形成取向结构。取向度越高，分子链间作用力越强，材料在取向方向上的弹性模量也越高。以天然纤维为例,经过梳理拉伸等工艺处理后,纤维的取向度显著提高,使得纤维在轴向上具有优异的弹性模量。利用取向效应,可以大幅提升天然高分子材料在特定方向上的力学性能。

(三)耐磨性与硬度

耐磨性和硬度是衡量天然高分子材料抵抗磨损和局部变形能力的两个关键性能指标。尽管二者都反映了材料的抗磨损特性,但其内涵和影响因素却有所不同。深入理解耐磨性与硬度的差异,对于合理评价和改性天然高分子材料的力学性能具有重要意义。

1.耐磨性

耐磨性反映了材料在受到反复摩擦时抵抗磨损、维持自身性能的能力。它不仅与材料表面的硬度有关,还受到微观结构、界面结合强度、润滑状态等多种因素的影响。以木材为例,其耐磨性不仅取决于木质素、纤维素等组分的含量和分布,还与木材的密度、纹理、生长年轮等结构特征密切相关。通过合理调控木材的化学组成和微观结构,可以显著提升其耐磨性能。

2.硬度

硬度更加侧重于材料抵抗局部变形的能力。它主要取决于材料表面的化学组成和微观结构,反映了材料抗压、抗划伤、抗塑性变形的综合特性。以竹材为例,其表面硬度明显高于一般木材,这主要归因于其致密的纤维结构和高度矿化的表皮。通过表面改性处理,如硅烷化、聚合物涂覆等,可以进一步增强竹材表面的硬度,提高其抗磨损性能。

耐磨性与硬度并非总是正相关,某些天然高分子材料,如天然橡胶,其表面硬度较低,但由于独特的分子结构和优异的黏弹性,其耐磨性能反而十分突出。因此,在评价天然高分子材料的抗磨损特性时,需要综合考虑耐磨性和硬度两个方面,并选择合适的测试方法和评价指标。

除了内在的化学组成和微观结构外,环境因素对天然高分子材料的耐磨性和硬度也有显著影响。例如,湿度的变化会引起材料尺寸和硬度的波动,温度的升高则可能导致材料软化、耐磨性下降。因此,在实际应用中,需要充分考虑材料所处的环境条件,采取适当的防护措施,以维持其抗磨损性能的稳定。

二、热学性能

(一)热稳定性

热稳定性是衡量天然高分子材料在高温环境下维持性能的重要指标。作为一类来源于大自然的材料,天然高分子通常具有良好的生物相容性和环境友好性,但其热稳定性却因化学结构和组成的差异而呈现出显著的多样性。

1.化学键的类型和能量

通常,共价键的键能较高,因此含有大量共价键的天然高分子,如纤维素、木质素等,表现出较好的热稳定性。相比之下,通过分子间作用力连接的天然高分子,如蛋白质、淀粉等,其热稳定性则相对较差。当温度升高到一定程度时,分子间作用力被削弱,材料的结构和性能随之发生改变,甚至出现降解。

2.天然高分子材料的结构规整性

结晶度高、取向规整的结构更有利于提高材料的热稳定性。以纤维素为例,天然纤维素分子链通过大量氢键形成结晶区,这种有序排列使其具有优异的热稳定性。相反,无定形区的存在会降低材料的热稳定性,因为无定形区的分子链运动更加自由,在高温下容易发生松弛和解离。

3.天然高分子材料中的化学组成

例如,对于蛋白质而言,含硫氨基酸残基(如半胱氨酸)形成的二硫键,以及疏水性残基之间的相互作用有助于提高蛋白质的热稳定性。再如,木质素中的苯环结构和碳碳双键赋予其良好的热稳定性。相比之下,多糖类物质因缺乏这些稳定性因素,热稳定性通常较差。

(二)热膨胀系数

热膨胀系数是表征材料在温度变化下体积变化程度的重要物理量。对于天然高分子材料而言,热膨胀系数的大小与其分子结构、内部作用力等因素密切相关。通过系统研究天然高分子材料的热膨胀行为,可以为其在实际应用中的材料选择和性能优化提供重要参考。

从微观机制上看，天然高分子材料的热膨胀源于分子热运动能量的增加。当温度升高时，高分子链段的振动和转动加剧，分子间距增大，导致材料体积膨胀。天然高分子材料中的分子链多为柔性链，其构象随温度变化而改变，这种构象变化也会对热膨胀产生影响。例如，结晶度较高的天然高分子材料由于分子链排列更加紧密有序，其热膨胀系数通常小于非晶态材料。

温度对天然高分子材料热膨胀的影响具有明显的非线性特征。在玻璃化转变温度以下，热膨胀系数较小且基本恒定；而当温度升高至玻璃化转变温度以上时，热膨胀系数急剧增大，这是因为高分子链段的运动自由度随温度升高而显著提高，体现出更强的热膨胀效应。值得注意的是，不同种类的天然高分子材料，其玻璃化转变温度差异较大，因此在评估材料热膨胀性能时需要考虑其使用温度范围。

天然高分子材料的热膨胀各向异性与分子取向密切相关。在加工过程中，高分子链段在外力作用下会沿特定方向排列，形成取向结构。沿取向方向，分子间作用力增强，热膨胀受到更大限制；而垂直于取向方向，分子间作用力减弱，热膨胀更加显著。因此，通过控制天然高分子材料的加工工艺，可以调控其热膨胀各向异性，获得理想的尺寸稳定性。

热膨胀系数过大会对天然高分子材料的使用性能产生不利影响。例如，在高温环境下，材料热膨胀引起的体积变化可能导致应力集中、变形甚至开裂等问题。为了提高天然高分子材料的耐热性和尺寸稳定性，可以采取填充改性、共混、交联等措施。通过引入低热膨胀系数的无机填料或与热膨胀系数较小的高分子基体共混，可以有效降低材料整体的热膨胀系数。而交联处理则通过形成三维网络结构限制分子链的运动，从而抑制热膨胀效应。

热膨胀系数作为天然高分子材料的一项关键物理性能指标，对其产品设计和工程应用具有重要指导意义。通过准确测试材料的热膨胀系数，可以优化零部件的尺寸公差，避免热膨胀失配导致的装配问题。同时，在考虑材料的耐温性和使用寿命时，热膨胀数据也是不可或缺的参考依据。只有综合评估天然高分子材料热膨胀特性对其性能的影响，才能实现材料性能与应用要求的精准匹配。

（三）导热系数

导热系数是衡量材料传导热量能力的重要物理参数。它反映了物质内部热量从高温区域向低温区域传递的难易程度，是评价材料隔热性能的关键指标。对于天然高分子材料而言，导热系数的高低直接影响其在隔热、保温等领域的应用前景。

从微观角度来看，天然高分子材料的导热机理与其独特的分子结构密切相关。天然高分子链上存在大量的支链、缠结等结构单元，这些结构不仅增大了分子链之间的距离，减小了分子间作用力，还在材料内部形成了大量的微孔和自由体积。当热量在天然高分子材料中传递时，这些微观结构会对声子(即晶格振动的量子化)的传播造成散射，导致声子平均自由程减小，热量传递受到阻碍，因而表现出较低的导热系数。此外，天然高分子材料中普遍存在的非晶区也会引起声子散射，进一步降低材料的导热系数。

除了分子结构因素外，天然高分子材料的导热系数还受到多种宏观因素的影响。首先，材料的密度对导热系数有显著影响。密度越大意味着单位体积内分子链堆积越紧密，热量传递越容易，导热系数越高。其次，材料的取向状态也是影响导热性能的重要因素。高分子链沿特定方向取向排列有助于形成规整有序的结构，减少声子散射，提高导热系数。相比之下，随机取向的高分子材料则表现出各向同性的导热特性和较低的导热系数。此外，温度、湿度等环境因素也会在一定程度上影响天然高分子材料的导热性能。

基于天然高分子材料的导热特性，科研人员开发出了一系列高性能的天然高分子隔热材料。例如，利用木质纤维素多孔结构制备的纤维素气凝胶的导热系数可低至0.013～0.044 W/(m·K)，远优于传统的矿棉、泡沫塑料等隔热材料。又如，以植物纤维棉花、亚麻等为原料制备的天然纤维隔热毡，导热系数在0.035～0.05 W/(m·K)，可用于建筑、汽车、航天等领域。除此之外，还可以通过共混改性、化学交联等方法对天然高分子材料进行结构调控，进一步降低其导热系数，拓展其在隔热保温领域的应用空间。

三、电学性能

(一)电阻率

电阻率是衡量材料电阻大小的重要物理量，它反映了材料对电流的阻碍能力。对于天然高分子材料而言，电阻率的高低直接关系到其在电学领域的应用前景。一般来说,电阻率越高,材料的绝缘性能越好;反之,电阻率越低,材料的导电性能越强。因此,准确测量和分析天然高分子材料的电阻率,对于拓展其应用范围、优化其性能具有重要意义。

天然高分子材料的电阻率受多种因素影响,如材料的化学结构、分子量、结晶度、取向度等。从化学结构来看,具有共轭双键、杂环等结构单元的天然高分子,由于分子内和分子间电荷转移的存在,往往表现出较低的电阻率和较好的导电性能。以壳聚糖为例,由于其分子链中含有大量的氨基和羟基,能够形成分子内和分子间氢键,促进电荷在分子链上的定向迁移,从而降低了材料的电阻率。相比之下,纤维素等不含共轭结构的天然高分子,其分子链刚性较大,电荷转移受阻,因而表现出较高的电阻率和优异的绝缘性能。

除化学结构外,分子量、结晶度和取向度等因素也会对天然高分子材料的电阻率产生显著影响。一般而言,分子量越大,分子链缠结程度越高,电荷迁移的空间位阻越大,材料的电阻率也就越高。同时,结晶度的提高意味着分子链排列更加规整有序,有利于电荷的定向传输,从而降低电阻率。而高度取向的天然高分子材料,由于分子链取向排列,形成了有利于电荷迁移的""通道"",因而往往具有较低的电阻率。

基于电阻率对材料电学性能的决定性作用,研究者发展了多种方法来调控天然高分子材料的电阻率。其中,通过化学改性引入导电基团是一种行之有效的策略。例如,研究者利用酰胺化反应在几丁质分子链上接枝状聚苯胺,制备了一种新型导电几丁质衍生物。由于聚苯胺分子链中具有丰富的共轭结构,该衍生物的电阻率显著降低,在 10－2～103 Ω·m 范围内可调,展现出优异的导电性能和广阔的应用前景。

除化学改性外,复合改性也是调控天然高分子材料电阻率的重要手段。通过在天然高分子基体中引入导电填料如碳纳米管、石墨烯、金属纳米线等,可以构建导电网络,显著提升复合材料的导电性能。以纤维素/碳纳米管复合材料为例,当碳纳米管的质量分数达到 5%时,复合材料的电阻率可降低至 10－3 Ω·m 量级,实现了从绝缘体向导体的转变。这种复合改性策略操作简单,适用范围广,在柔性电子、智能穿戴等领域具有广阔的应用前景。

(二)介电常数

介电常数作为衡量材料极化强度对外加电场响应的重要物理量,在天然高分子材料的电学性能评价中占据核心地位。它反映了材料在外加电场作用下电荷重新分布、偶极矩取向排列的能力，是描述材料电极化特性的关键参数。天然高分子材料因其独特的化学结构和物理性质，表现出迥异于传统无机介电材料的介电行为。

从微观角度看，天然高分子材料中存在大量的极性基团，如羟基、羰基、氨基等。这些基团在外加电场的作用下能够发生取向排列，形成诱导偶极矩，从而产生较强的极化效应。同时，天然高分子材料的大分子链结构赋予其更大的柔顺性，使得偶极基团能够更容易地响应外加电场而发生取向。这种结构特点使得天然高分子材料具有比无机介电材料更高的介电常数。

天然高分子材料的介电性能不仅取决于其化学结构，还与其微观形态密切相关。天然高分子材料通常呈现出复杂的多级结构，包括分子链构象、结晶区和非结晶区的排列等。这些微观结构特征对材料的介电行为具有显著影响。例如，高度有序的结晶区能够限制偶极基团的运动，降低材料的介电常数；而无定形区则提供了更大的自由体积，有利于偶极基团的取向排列，从而提高材料的介电常数。因此，调控天然高分子材料的微观结构，优化结晶度和取向度，是提升其介电性能的重要途径。

除了材料本身的因素外，环境条件如温度、频率、湿度等也会对天然高分子材料的介电常数产生重要影响。温度的升高会增强分子链的热运动，促进偶极基团的取向排列，从而提高介电常数。而在高频条件下，偶极基团难以跟上外加电场的快速变化，导致介电常数下降。此外，天然高分子材料易吸湿的特性也会引入额外的水分子偶极，进一步增大其介电常数。因此，全面评估天然高分子材料介电性能，需要综合考虑材料结构、组成和环境因素的影响。

介电常数的测量是表征天然高分子材料电学性能的重要手段。通过介电频谱分析，可以获得材料在不同频率下的介电常数和介电损耗，揭示其电极化机制和弛豫行为。同时，介电常数的温度依赖性测试能够提供材料相变、玻璃化转变等重要信息，为深入理解其介电行为提供依据。借助现代表征技术，如介电弛豫谱、热电效应谱等，可以更加全面、深入地研究天然高分子材料的介电性能及其影响因素，为材料设计和应用奠定基础。

天然高分子材料独特的介电性能使其在电介质、传感器、储能等领域展现出广阔的应用前景。通过分子设计和结构调控，可以进一步提升天然高分子材料的介电常数，满足不同应用场景的需求。同时，将天然高分子材料与其他功能材料复合，有望实现介电性能与力学、热学等性能的协同优化，开发出高性能的多功能材料。深入研究天然高分子材料的介电行为及其影响机制，对于推动高分子介电材料的发展和应用具有重要意义。

四、光学性能

（一）透光率

透光率作为材料允许可见光透过比例的重要指标，直接影响着天然高分子材料在光学领域的应用前景。对天然高分子材料透光率的研究不仅有助于揭示材料内部结构与光学性能之间的关联，也为开发高透光、高性能的新型光学材料提供了理论基础和技术支撑。

从物理本质上看，透光率取决于入射光在材料内部的散射和吸收程度。天然高分子材料的化学结构、分子链构象、结晶度等因素都会影响光在其中的传播行为，进而导致透光率的差异。一般而言，结构规整、结晶度高的材料往往具有较高的透光率，而无定形区、缺陷、杂质等则会引起光的散射，降低材料的透光性能。因此，通过优化天然高分子材料的制备工艺，控制其微观结构，可以有效提升材料的透光率。

天然高分子材料的透光率还表现出一定的波长选择性。不同波长的光在材料中的吸收和散射程度有所不同，导致材料对不同颜色光的透过能力存在差异。利用这一特性，可以设计出具有特定光学功能的天然高分子材料，如紫外线吸收材料、红外线滤光材料等。这些材料在光伏电池、隔热膜、光学镜片等领域具有广阔的应用前景。

透光率作为材料的一种宏观性能，还与材料的厚度密切相关。根据朗伯－比尔定律，材料的透光率随着厚度的增加而呈指数衰减。这意味着在实际应用中，需要权衡材料的厚度与透光性能，以达到最优的使用效果。对于要求高透光率的场合，可以采用薄膜化、多层化等设计策略，在保证材料性能的同时实现对光的有效调控。

（二）折射率

折射率是光学材料中一项极为关键的物理性能指标，它表征了光在某种介质中传播速度相对于真空中传播速度的比值。具体而言，折射率 n 可以表示为 $n = c/v$，其中，c 为光在真空中的传播速度，v 为光在该介质中的传播速度。折射率的大小与材料的化学组成和微观结构密切相关，不同的天然高分子材料具有不同的折射率特性。

从微观角度来看，折射率的产生机制源于光波与介质分子的相互作用。当光波进入高分子材料时，其电磁场会诱导材料分子产生极化，形成感应偶极矩。这些感应偶极矩的振荡会辐射出新的电磁波，并与入射光波叠加，导致光在材料中传播速度降低，从而表现出折射现象。折射率的大小取决于材料的极化率，极化率越大，折射率越高。高分子材料中的共轭结构、芳香环等刚性结构单元通常具有较大的极化率，因此往往具有较高的折射率。

折射率作为天然高分子材料的重要光学参数，在诸多领域具有广泛的应用价值。在光学器件设计中，折射率的精确控制是实现光学功能的基础。例如，在光纤通信中，采用折射率精确匹配的芯/包层结构可以有效减少光信号的传输损耗，保证信号的高效、长距离传输。又如在光学镜头设计中，通过搭配不同折射率的透镜材料，可以有效校正像差，提高成像质量。除此之外，基于折射率的调控还可以实现诸如反射防眩、增透减反等多种功能，在显示、照明、光伏等领域有着广阔的应用前景。

天然高分子材料种类繁多，不同来源、不同结构的天然高分子材料折射率差异显著。纤维素作为自然界中含量最为丰富的天然高分子之一，其折射率通常在 1.54 左右，具有良好的光学透明性。而甲壳素由于分子链中含有大量的乙酰氨基，极化率较高，折射率可达 1.61，在高折射率光学材料领域具有独特优势。再如丝素蛋白，其折射率在 1.54～1.59，与眼角膜折射率相近，在人工角膜等生物医学领域有着巨大的应用潜力。

天然高分子材料的折射率并非恒定不变，而是受到诸多因素的影响。例如，材料的结晶度、取向度等高级结构特征都会对折射率产生一定程度的影响。此外，环境因素如温度、湿度的变化也会引起折射率的相应变化。因此，在实际应用中，需要综合考虑材料自身特性和使用环境，实现折射率与性能的优化与匹配。

（三）色散

色散是光在透明介质中传播时，不同波长的光线因折射率不同而产生的一种现象。当一束复色光线，如太阳光或白光，通过棱镜或光栅等光学器件时，会被分解成不同颜色的单色光，形成彩色光谱。这是因为构成复色光的各种波长的光线在介质中传播速度不同，折射角也不尽相同，从而被分散开来。

材料的色散特性对其在光学领域的应用至关重要。折射率随波长变化的趋势，决定了材料对不同波段光线的响应。一般来说，波长越短，光的频率越高，折射率也越大。这意味着紫光比红光在同种介质中传播速度更慢，折射角更大。正是基于这一原理，人们利用棱镜把太阳光分解成七色光谱。

天然高分子材料，如玉石、珍珠、动物角质等的色散现象尤为明显。它们对不同波长光线的选择性折射和散射，赋予了材料绚丽多彩的外观。以玉石为例，玉的种水指的就是玉石内部折射和色散不同波长光线的能力。种水越好的玉石，透光性越强，色散效应越明显，能呈现出更加丰富迷人的色彩。

色散现象在光纤通信领域也有重要应用。为了提高信号传输质量，需要尽量减小材料的色散，确保不同波长的信号同步到达接收端。科学家经过不懈努力，成功开发出具有零色散或超低色散特性的光纤材料，大大提升了通信的保真度和有效带宽。

五、磁学性能

(一)磁导率

磁导率作为衡量材料被磁化难易程度的重要物理量，在天然高分子材料的磁学性能研究中占据着核心地位。它不仅反映了材料内部磁偶极子排列和取向的基本规律，更蕴含着丰富的微观结构信息和宏观性能特征。深入理解磁导率的内涵，探究其影响因素和调控机制，对于拓展天然高分子材料的应用领域、优化材料性能具有重要意义。

从物理本质上看，磁导率描述了材料在外加磁场作用下产生磁化强度的能力。它是材料内部磁偶极子响应外场、发生重新排列和取向的结果。在外磁场的诱导下，材料中原本杂乱无章的磁偶极子会沿着磁场方向重新排列，形成宏观磁化强度。磁导率越高，意味着材料越容易被磁化，产生的磁化强度也越大。反之，磁导率越低，则说明材料抵抗外加磁场、保持原有磁偶极子排列的能力越强。因此，磁导率实质上反映了材料内部磁偶极子与外加磁场之间的相互作用强度。

对于天然高分子材料而言，其磁导率不仅取决于化学组成和结构特征，还与加工工艺、使用环境等因素密切相关。从化学组成上看,天然高分子材料中常含有顺磁性基团如—OH、—NH2 等,这些基团中的未成对电子在外加磁场作用下能够产生磁矩,提高材料的磁化强度。同时,高分子链上 π 电子的非局域化也有助于形成大范围内的磁偶极排列,增强材料的磁响应能力。从结构特征上看,天然高分子材料的结晶度、取向度、分子量大小等因素都会影响磁导率。一般而言,结晶度越高、分子链取向度越强,材料的规整性越好,磁偶极子排列越容易受到外磁场调控,表现出较高的磁导率。此外,合适的加工工艺如拉伸、退火等,能够诱导分子链沿特定方向排列,提高磁各向异性,进而优化材料的磁学性能。

在实际应用中,可以通过多种途径对天然高分子材料的磁导率进行调控。一方面,可以通过化学改性引入顺磁性基团,增加材料内部的磁性源;另一方面,可以通过物理共混掺杂磁性纳米粒子,利用粒子的超顺磁性提高基体的磁化强度。同时,交联、接枝等方法能够限制分子链的运动,增强磁偶极子的取向稳定性,从而提高磁滞性能。值得注意的是,过度的改性可能破坏材料原有的结构特征,导致力学、热学等性能的变化。因此,在调控磁导率的过程中,要综合考虑材料的多功能需求,平衡磁学性能与其他性能之间的关系。

(二)磁滞损耗

磁滞回线是描述铁磁材料磁化过程中磁感应强度与磁场强度关系的重要特征曲线。磁滞回线包围的面积反映了材料在一个磁化周期内单位体积磁性材料中损耗的能量,即磁滞损耗。磁滞损耗是影响磁性材料性能的关键参数之一,深入理解其内在机制对于优化天然高分子磁性材料的设计与应用具有重要意义。

从物理本质上看,磁滞损耗源于磁畴壁的不可逆运动和磁畴的旋转。在外加磁场作用下,磁畴壁会发生移动,磁畴会发生旋转,使材料的宏观磁化状态发生改变。然而,由于材料内部存在着各种缺陷和非磁性夹杂物,磁畴壁的运动和磁畴的旋转会受到阻碍,导致能量的耗散。这部分耗散的能量就表现为磁滞损耗。可见,材料的微观结构特征,如晶粒尺寸、缺陷密度等,对磁滞损耗有着直接影响。

对天然高分子磁性材料而言,其独特的分子结构和链段运动特性,使得磁滞损耗的影响因素更加复杂多样。一方面,天然高分子的结晶度、分子量、取向度等因素会影响磁畴结构的形成和演化,进而影响磁滞损耗。例如,结晶度较高的天然高分子磁性材料,其规整的分子排列有利于形成稳定的磁畴结构,从而降低磁滞损耗。另一方面,天然高分子链段的运动特性也会对磁滞损耗产生影响。在交变磁场下,高分子链段的运动会引起磁畴壁的振荡和磁畴的重新取向,导致额外的能量耗散。这种动态磁滞损耗对天然高分子磁性材料的高频应用尤为重要。

深入研究磁滞损耗机制,对于优化天然高分子磁性材料的性能具有重要的指导意义。通过调控材料的微观结构、改善高分子链段的运动特性,可以有效降低磁滞损耗,提高材料的磁性能。例如,通过共混、接枝等方法引入刚性基团,限制高分子链段的运动,可以减少动态磁滞损耗;通过退火、拉伸等工艺手段,调控材料的结晶度和取向度,可以优化磁畴结构,降低静态磁滞损耗。此外,磁滞损耗的研究还有助于拓展天然高分子磁性材料的应用领域。通过降低磁滞损耗,可以提高材料在高频电磁场下的工作效率,推动其在电磁屏蔽、吸波降噪等领域的应用。

第二节 天然高分子材料的化学结构

一、天然高分子材料的基本化学结构

(一)常见单体结构

天然高分子材料中常见的单体结构主要包括单糖、氨基酸等基本组成单元。这些基本单元通过化学键连接形成线性或支链状的大分子链,进而构建起天然高分子材料的基础骨架。

1.单糖

单糖是组成多糖的基本结构单元,常见的单糖有葡萄糖、果糖、半乳糖等。它们通过糖苷键连接成线性或支链状的多糖分子链,如纤维素、淀粉、几丁质等天然高分子材料。单糖环上的羟基为多糖分子提供了丰富的反应位点,通过化学改性可以调控多糖材料的理化性质和功能特性。

2.氨基酸

氨基酸是构成蛋白质的基本结构单元,由氨基和羧基通过肽键缩合而成。蛋白质分子中20种常见氨基酸的侧链基团赋予了蛋白质多样的结构和功能特性。氨基酸单体通过肽键缩合形成多肽链,空间构象的二级结构、三级结构、四级结构进一步稳定了蛋白质分子的立体构型，奠定了蛋白质特异性的生物学功能基础。除了多糖和蛋白质，核酸、木质素等天然高分子材料也是由特定的单体结构构建而成的。核酸由核苷酸单体通过磷酸二酯键连接形成多核苷酸链。脱氧核糖核酸中的腺嘌呤、鸟嘌呤、胞嘧啶、胸腺嘧啶四种碱基和核糖核酸中的腺嘌呤、鸟嘌呤、胞嘧啶、尿嘧啶四种碱基的排列顺序蕴含了遗传信息，指导蛋白质的合成。木质素是由对羟基肉桂醇衍生物通过碳碳单键、碳氧单键连接形成的三维网状结构高分子。香豆素、黄酮等分子结构的差异赋予了木质素独特的理化性质。

天然高分子材料单体结构的精细特征对材料的宏观性能具有决定性影响。以纤维素为例，葡萄糖单元中的羟基参与分子内和分子间氢键的形成，使得纤维素分子链呈现出螺旋构象，并在分子链间形成有序排列的结晶区。纤维素的结晶度、结晶型、微纤丝角度等显微结构参数直接影响材料的力学性能。蛋白质分子中氨基酸单体的空间排布方式决定了蛋白质高级结构的特征，进而影响蛋白质的溶解性、变性温度、表面活性等理化性质和生物学功能。因此，深入剖析天然高分子材料中单体结构的组成与特点，对于阐明其结构和性能的关系、指导材料性能的调控与改性具有重要意义。

(二)聚合方式

1.缩聚

缩聚是指两个或多个单体分子间通过缩合反应生成大分子化合物的过程。在这一过程中，单体分子上的官能团相互反应，释放出小分子副产物如水、醇等，单体分子逐步连接成长链。常见的缩聚型天然高分子材料包括纤维素、几丁质等多糖类物质，以及蛋白质、木质素等。例如，纤维素是由葡萄糖单体通过缩聚反应形成的线性聚合物，葡萄糖单元之间以β－1,4－糖苷键连接，并伴随着水分子的释放。

2.加聚

加聚是指大量单体分子通过加成反应生成大分子化合物的过程。在加聚反应中，单体分子间不脱去小分子，而是通过双键或环状结构的开环直接连接。虽然加聚型聚合物在天然高分子材料中较为少见，但天然橡胶、藻酸等物质均属于这一类型。以天然橡胶为例,其单体为异戊二烯,通过开环加聚形成顺式1,4－聚异戊二烯结构。

(三)结构对性能的影响

天然高分子材料的分子结构特征对其性能产生深远影响。不同的化学结构赋予材料独特的物理、化学和力学性质,决定了其在实际应用中的适用范围和功能表现。深入理解分子结构与性能之间的内在联系,可以为天然高分子材料的改性、加工和应用提供理论指导和实践依据。

从微观层面来看,天然高分子材料的分子结构主要包括单体结构、聚合方式、链结构以及交联方式等。不同的单体种类和排列顺序会影响材料的结晶性、热稳定性和溶解性等基本性质。例如,纤维素由葡萄糖单元通过β－1,4－糖苷键连接而成,其线型结构和强氢键作用赋予了纤维素优异的力学性能和化学稳定性。而淀粉则由直链淀粉和支链淀粉两种结构,二者都由葡萄糖聚合物组成,其结构松散,易溶于水,热稳定性相对较差。

聚合方式的差异会导致天然高分子材料性能的显著变化。通过缩聚反应形成的聚酰胺类材料,如蛋白质,具有柔韧、高强度等特点;而通过加聚反应形成的聚烯烃类材料,如天然橡胶,则表现出优异的弹性和耐磨性。此外,天然高分子材料分子链的线型结构、支化度以及取向状态等因素也与材料的力学性能、流变性能密切相关。

交联方式是影响天然高分子材料性能的另一个重要因素,通过化学键或物理作用形成的交联结构可以显著提高材料的强度、韧性、热稳定性和溶剂耐受性。例如,在生物体内,胶原蛋白分子间通过共价键形成稳定的交联网络,赋予结缔组织优异的力学性能和耐久性。而在工业应用中,通过对天然橡胶进行硫化交联处理,可以大幅度提高其强度、硬度和耐油性,满足轮胎等高性能制品的要求。

从宏观层面来看,天然高分子材料的分子结构特征也影响着材料的加工性能和应用性能。分子量及其分布、结晶度、取向度等参数都与材料的流变性、成型性密切相关。合理调控这些结构参数,可以优化材料的加工工艺,提高生产效率和产品质量。同时,材料的表面结构、形态特征也影响着其在实际应用中的性能表现,如吸湿性、黏附性、生物相容性等。通过表面改性、复合等手段,可以进一步拓展天然高分子材料的应用领域。

二、天然高分子材料的分子链结构与特性

线型分子链结构对天然高分子材料性能的影响是一个复杂而深刻的问题。在分子水平上，天然高分子材料的分子链构象和取向直接决定了其宏观性质。分子链的空间排列方式、柔顺性、结晶度等因素都会对材料的力学、热学、电学等性能产生显著影响。

(一)分子链构象

分子链构象描述了高分子链在空间中的折叠和盘曲形态。不同的分子链构象会导致分子链间作用力的差异，进而影响材料的力学性能。例如，具有规整构象的分子链，其分子间作用力较强，材料表现出较高的强度和模量；而无规线团构象的分子链，其分子间作用力较弱，材料的强度和模量相对较低。此外，分子链的柔顺性也是影响力学性能的重要因素。柔顺性高的分子链能够在外力作用下发生较大的变形，赋予材料良好的韧性和延展性；而刚性大的分子链变形能力有限，材料表现为脆性。

(二)分子链取向

分子链取向是指高分子链沿某一方向排列的程度。在外力、电场、磁场等作用下，天然高分子材料的分子链能够沿特定方向排列，形成高度取向的结构。取向度的提高能够显著增强材料在取向方向上的力学性能，如拉伸强度和模量。这是因为，沿取向方向排列的分子链能够更有效地传递外力，发挥分子链的强化作用。同时，取向结构也会影响材料的各向异性，使其力学、热学、电学等性质在不同方向上表现出明显差异。

三、天然高分子材料的交联与支化结构的影响

(一)化学交联的影响

分子量和分子量分布是高分子材料最为基本和重要的结构参数，对天然高分

子材料的加工性能和力学性能具有极其重要的影响。天然高分子材料的分子量通常很高，但分子量分布较宽，这使得其在加工过程中容易出现流动性差、机械强度低等问题。因此，深入研究分子量和分子量分布与天然高分子材料性能之间的关系，对于优化天然高分子材料的加工工艺、改善材料性能具有重要的理论和实践意义。

从分子量的角度来看，天然高分子材料的平均分子量越高，分子链间的缠结程度就越大，材料的熔体强度和熔体黏度就越高。这一方面有利于提高天然高分子材料的机械强度和耐热性能，另一方面却会降低材料的加工流动性，增大加工难度。因此，在实际应用中需要根据具体的加工工艺和应用需求选择合适的分子量范围。例如，在注塑成型过程中通常选用分子量相对较低的天然高分子材料以降低熔体黏度，改善流动性；而在吹塑成型中则多选用分子量较高的材料，以提高材料的熔体强度和成型稳定性。

分子量分布对天然高分子材料性能的影响更为复杂和多样。一般而言，分子量分布越宽，材料的加工性能越差。这是因为分子量分布宽意味着材料中同时存在大量的低分子量组分和高分子量组分。低分子量组分虽然有利于提高材料的流动性，但过多的低分子量组分会严重降低材料的机械强度；而高分子量组分虽然有利于提高材料强度，但过多的高分子量组分又会导致加工困难。因此，理想的天然高分子材料应具有适度宽窄、趋于均一的分子量分布。这不仅有利于兼顾材料的加工性能和力学性能，还能够提高材料性能的稳定性和可重复性。

除了对加工性能和力学性能的影响之外，分子量和分子量分布还会影响天然高分子材料的其他性能，如溶解性、成膜性、生物相容性等。例如，低分子量的壳聚糖比高分子量的壳聚糖具有更好的水溶性和生物相容性，因此更适合用于制备水溶性药物载体和组织工程支架材料。又如分子量分布较窄的纤维素醚比分子量分布宽的纤维素醚具有更好的成膜性和力学性能，更适合用于制备隔离膜和防水涂料等功能材料。

(二)物理交联的影响

化学交联是改善天然高分子材料性能的重要手段之一。通过化学键的形成，交联可以显著提高材料的力学性能、热稳定性和化学稳定性。交联度和交联方式是影响天然高分子材料性能的两个关键因素。

1.交联度

交联度是指材料中交联点的数量与总单体数的比值,它直接决定了材料的网络结构紧密程度。较低的交联度虽然有利于保持材料的柔韧性和延展性,但力学强度和模量往往不高。随着交联度的提高,材料的刚性逐渐增强,抗拉强度、抗压强度和硬度等力学性能得到改善。然而,过高的交联度又可能导致材料变脆,韧性下降。因此,针对特定的应用需求,优化交联度至关重要。通过调控反应条件如交联剂用量、反应时间和温度等,可以获得具有理想交联度的天然高分子材料。

2.交联方式

交联方式是指交联点在分子链上的空间分布和连接方式,主要包括点交联、线交联和面交联等类型。不同的交联方式对材料性能的影响不同。点交联是最基本的交联形式,交联点呈现随机分布的特点,赋予材料各向同性的力学行为。线交联则沿着特定方向形成交联链段,使材料表现出各向异性。面交联更进一步,在二维平面上形成交联网络,这种结构能够有效阻碍分子链的滑移,大幅提升材料的强度和模量。值得注意的是,交联方式的选择要与材料的分子结构相匹配。例如,对于结晶性高分子,沿着结晶方向进行交联更有利于发挥分子链取向的增强效应。

(三)支化结构的影响

物理交联是通过物理作用力如氢键、范德华力等使高分子链段形成物理缠结,从而影响天然高分子材料性能的重要手段。物理交联网络的形成依赖于分子链的柔性和活动性,高分子链段在外力作用下可发生相对运动,形成物理缠结点。这些缠结点限制了分子链的滑动,提高了材料的力学强度和稳定性。同时,物理交联具有可逆性,在一定条件下可以解交联,赋予材料优异的加工性能和回收利用价值。

结晶是许多天然高分子常见的物理交联方式。结晶过程中,分子链规整地排列形成结晶区,非结晶区则形成无定形区。结晶区犹如物理交联点,提高了材料的刚性和强度;无定形区则赋予材料一定的柔韧性。纤维素、淀粉等天然多糖类高分子具有较强的结晶趋势,其结晶度和结晶形态显著影响材料性能。例如,高结晶度的纤维素具有优异的力学性能和化学稳定性,广泛应用于高强度纤维、隔膜等领域;而低结晶度的纤维素则具有良好的吸湿性和成膜性,适合制备水凝胶、药物缓释载体等。

除结晶外,天然高分子分子链间还存在多种物理作用力,如蛋白质分子链间的疏水作用、氢键等。这些分子间作用力的合理利用,可构建物理交联网络,调控材料性能。例如,通过调节溶液 pH 值、离子强度等,可诱导蛋白质分子形成凝胶,制备可注射水凝胶等新型生物材料。又如,壳聚糖分子链上丰富的羟基和氨基可形成分子内、分子间氢键,通过调控脱乙酰度、分子量等调节壳聚糖材料的力学性能、溶解性等。

四、天然高分子材料的官能团与反应性能

(一)特征官能团

1.羟基

羟基是天然高分子材料分子链上最为常见的官能团之一。纤维素、壳聚糖、海藻酸钠等多糖类天然高分子的分子链上都含有大量的羟基。羟基的存在使得这些天然高分子具有优异的亲水性和水溶性,同时羟基还可以通过化学改性引入其他功能基团,如磺酸基、羧基等,从而拓宽天然高分子材料的应用范围。此外,羟基还可以通过氢键作用形成分子内或分子间交联网络结构,提高材料的力学性能和热稳定性。

2.氨基

氨基是蛋白质、壳聚糖等天然高分子分子链上的另一类重要官能团。氨基不仅参与肽键的形成,维系蛋白质分子的一级结构,还可以通过静电作用、氢键作用影响蛋白质分子的二级结构、三级结构乃至四级结构。正是由于氨基的存在,蛋白质才具有酶催化、免疫识别、信号转导等多种生理功能。同时,氨基还赋予了蛋白质优异的成膜性、乳化性和起泡性,在食品、化妆品等领域有广泛应用。壳聚糖分子链上的氨基则为其提供了独特的吸附性能和抗菌性能,在水处理、伤口敷料等方面具有良好的应用前景。

3.羧基

羧基广泛存在于藻酸盐、果胶、透明质酸等酸性多糖和丝素蛋白的分子链上。羧基可以与金属离子形成配位键,制备出多种功能凝胶材料,如藻酸钙凝胶、果胶凝胶等。这些凝胶材料在药物缓释、组织工程等领域有重要应用。同时,羧基还是透明质酸分子发挥润滑、保湿等生理功能的关键基团。透明质酸分子链上的羧基可以与水分子形成氢键,吸附大量水分,维持组织的水合状态,在关节润滑、皮肤保湿等方面发挥重要作用。

4.活性基团

除了上述三类主要官能团之外,天然高分子材料分子链上还存在着巯基、酚羟基、醚键等多种活性基团。这些官能团种类和数量的差异是不同天然高分子材料化学结构和性能差异的重要根源。深入研究天然高分子材料分子链上特征官能团的种类、含量及其对材料反应性能的影响,对于合理开发利用天然高分子资源,发展高性能、多功能天然高分子材料具有重要意义。只有准确把握天然高分子材料分子结构与性能之间的内在联系,才能因材施用,有的放矢地进行材料改性,满足不同应用领域对天然高分子材料性能的多样化需求。

(二)官能团对反应性能的影响

天然高分子材料分子链上常见的特征官能团包括羟基、氨基、羧基等活性基团,它们为材料提供了丰富的化学反应位点。官能团的种类决定了天然高分子材料可以发生的化学反应类型,如羟基可以进行醚化、酯化等反应,氨基可以发生缩合、聚合等反应,羧基可以用于接枝、交联等功能化改性。不同种类的官能团赋予了天然高分子材料多样化的反应途径,为材料性能的调控提供了广阔的空间。

除官能团种类外,官能团的数量也显著影响天然高分子材料的反应性能。一般而言,官能团数量越多,材料的反应活性就越高。这是因为官能团数量的增加意味着分子链上可供化学反应的位点更多,材料与其他物质发生化学作用的概率也随之提升。以纤维素为例,其分子链上大量的羟基使其具有优异的反应活性,可以通过化学改性制备多种功能化衍生物,如纤维素醚、纤维素酯等。相比之下,聚酯类天然高分子材料如聚羟基脂肪酸酯的羟基数量相对较少,因而其反应性能也相对较弱。

官能团数量对天然高分子材料反应性能的影响在材料改性过程中尤为明显。通过对天然高分子材料进行化学改性，可以引入新的官能团或调节原有官能团的数量，从而精准调控材料的反应性能。例如，在壳聚糖分子链上引入更多的氨基，可以提高其与醛基、环氧基等亲电试剂的反应活性，有利于制备高度功能化的壳聚糖衍生物。又如，适度减少纤维素分子链上的羟基数量，可以降低其反应活性，提高材料的化学稳定性和抗降解性能。

第三节　天然高分子材料的性能优化

一、天然高分子材料的热稳定性改善

（一）改善的意义

热稳定性是指材料在高温环境下保持其物理、化学和力学性能的能力。对于天然高分子材料而言，热稳定性的提高意味着其使用温度范围的扩大和使用寿命的延长。在诸多应用领域，如航空航天、汽车工业、电子电器等，材料经常处于高温环境，因此具有良好热稳定性是确保其安全可靠运行的前提条件。

天然高分子材料的热稳定性主要取决于其化学结构和分子间作用力。一般来说，具有刚性分子链、高结晶度、强分子间作用力的天然高分子材料的热稳定性较好。而柔性分子链、低结晶度、弱分子间作用力则会导致材料的热稳定性下降。此外，天然高分子材料中的化学键类型也影响着其热稳定性。相比于碳碳单键、碳氧单键等单键，碳碳双键、芳香环等共轭结构能够显著提高材料的耐热性能。这是因为共轭结构能够将能量在分子内部重新分配，从而减缓了材料的热降解过程。

提高天然高分子材料热稳定性的意义体现在多个方面。

其一，良好的热稳定性能够防止材料在高温下发生软化、熔融或分解等性能劣化现象，从而保证其在特定环境下的使用性能。以天然纤维增强复合材料为例，基体树脂在高温下的软化和分解会导致复合材料力学性能的严重下降，而提高纤维和基体的耐热性则能够有效改善这一状况。

其二，热稳定性的提高还能够延长天然高分子材料的使用寿命。在长期高温环境下，材料会发生热氧老化、热解等一系列降解反应，导致其力学性能和使用功能的逐渐丧失。而具有优异热稳定性的天然高分子材料能够有效抑制这些降解反应的发生，从而延缓材料性能的衰减，提高其使用寿命。

其三，热稳定性改善还能够拓宽天然高分子材料的应用范围。许多新兴领域，如超高温烧结陶瓷、高温滤材等，对材料的耐热性提出了更高要求。提升天然高分子材料的热稳定性，开发出高性能、高附加值的天然高分子基复合材料，将有望替代部分传统无机耐热材料，实现其在这些领域的推广应用。同时，随着天然高分子材料热稳定性的不断提高，一些传统的高温加工工艺如熔融纺丝、热压成型等也有望得到应用，这将极大地丰富天然高分子材料的加工手段，推动其产业化进程。

（二）化学改性法

化学改性法是提高天然高分子材料热稳定性的重要途径之一。通过引入具有耐热性能的化学基团，可以显著增强材料分子链的热稳定性，拓宽其使用温度范围。在天然高分子材料的化学改性中，接枝共聚和交联是两种常用且行之有效的方法。

1. 接枝共聚

接枝共聚是将具有优异耐热性能的单体通过化学键接枝到天然高分子材料的分子链上，形成接枝共聚物。这种方法可以在保留天然高分子材料原有优点的同时，赋予其更优异的耐热性能。例如，将马来酸酐接枝到淀粉分子链上，可以显著提高淀粉基材料的热稳定性。马来酸酐中的五元环结构具有优异的耐热性，接枝到淀粉分子链后可以阻碍淀粉分子链的热运动，提高其热分解温度。同时，接枝共聚还可以改善材料的界面相容性，促进其与其他材料复合，拓宽其应用领域。

2. 交联

交联是通过化学键将天然高分子材料的分子链连接起来，形成三维网络结构，从而提高其热稳定性。常用的交联剂包括环氧化合物、异氰酸酯等。这些交联剂分子中含有多个活性基团，可以与天然高分子分子链上的羟基、氨基等反应，形成稳定的化学键。交联网络的形成限制了分子链的热运动，提高了材料的热分解温度和热变形温度。例如，将环氧氯丙烷引入壳聚糖分子链中，可以显著提高壳聚糖材料的耐热性能。环氧基团与壳聚糖分子链上的氨基反应，形成稳定的交联网络，使得壳聚糖材料的热分解温度从200℃提高到300℃以上。

化学改性不仅可以提高天然高分子材料的热稳定性，还可以赋予其阻燃、绝缘等特殊功能。例如，在纤维素材料中引入含磷化合物，可以显著提高其阻燃性能。含磷化合物在高温下分解产生磷酸，促进纤维素的成炭，阻碍燃烧的进行。又如在木质材料中引入硅烷偶联剂，可以提高其绝缘性能，拓宽其在电子电器领域的应用。硅烷偶联剂分子中含有多个活性基团，可以在木质材料表面形成致密的硅烷涂层，阻碍电荷的传导。

（三）添加剂改性法

在天然高分子材料的性能优化中，添加剂改性法是一种行之有效的策略。通过在材料中引入热稳定剂、阻燃剂等助剂，可以显著提升天然高分子材料的耐热性能，拓宽其应用范围。热稳定剂是一类能够抑制或延缓高分子材料热降解过程的化合物。它们通过多种机制发挥作用，如自由基捕获、分解产物捕获、催化脱酸等，有效阻断材料的降解。常见的热稳定剂包括有机磷化合物、硫醇类化合物、酚类化合物等。研究表明，在天然高分子材料中添加适量的热稳定剂，可以显著提高其热分解温度和残炭量，改善其高温下的力学性能和尺寸稳定性。

阻燃剂则是通过物理或化学作用降低材料可燃性的助剂。它们在受热时能够释放出不燃气体，抑制燃烧过程中的热量和质量传递，从而达到阻燃效果。常用的阻燃剂包括卤系阻燃剂、磷系阻燃剂、硅系阻燃剂等。将这些阻燃剂引入天然高分子材料，可以大幅提升其耐火性能和阻燃等级。值得注意的是，添加剂的选择需要综合考虑天然高分子材料的种类、加工工艺、应用环境等因素。不同材料对助剂的相容性、分散性要求不尽相同。助剂用量也需要严格控制，既要达到改性效果，又要避免过量添加导致材料其他性能的下降。因此，开展系统的相容性研究和配方优化是助剂改性的关键。

助剂改性并不是一蹴而就的，它需要与其他性能优化策略相结合，如化学改性、复合改性等，才能真正发挥出协同效应，全面提升天然高分子材料的综合性能。从更广阔的视角来看，助剂改性的研究并不仅局限于提高材料的耐热性上，其意义还在于推动天然高分子材料在更多领域的应用，促进材料科学与可持续发展的融合。随着对天然高分子材料认识的不断深入，助剂改性技术必将迎来更加光明的发展前景。

二、天然高分子材料的耐候性增强

(一)光降解机理

天然高分子材料在光照条件下会发生一系列复杂的光化学反应,导致其性能发生显著变化,这一过程被称为光降解。光降解是影响天然高分子材料耐候性和使用寿命的关键因素。深入研究天然高分子材料的光降解机理,对于改善其耐光性能、拓展其应用范围具有重要意义。

天然高分子材料的光降解过程通常始于光吸收。在太阳光照射下,天然高分子材料会吸收特定波长的光子,引发光化学反应。这一过程主要由材料中的光敏基团介导,如羰基、羟基、碳碳双键等。这些基团吸收光能后会从基态跃迁至激发态,形成高活性的自由基或过氧化物,进而引发一系列连锁反应,导致分子链断裂、交联等化学变化。

以纤维素为例,其光降解机理可以概括为以下几个步骤:首先,纤维素大分子吸收光能,生成激发态;激发态的纤维素分子通过氢转移、电子转移等方式形成自由基;自由基进一步与氧气反应,生成过氧化物,引发自动氧化反应;过氧化物的分解导致纤维素分子链断裂,生成醛、酮、羧酸等低分子化合物;低分子化合物的积累使材料变脆、粉化,力学性能下降。类似的,其他天然高分子材料如木质素、甲壳素等在光照条件下也会发生类似的降解过程。

光降解对天然高分子材料性能的影响是多方面的。从宏观上看,光降解会导致材料变色、失去光泽,表面开裂、粉化,力学强度下降。这主要是由于光化学反应引起了分子链的断裂和低分子化合物的生成。同时,光降解还会改变材料的化学组成和结构,引入新的官能团如羰基、羧基等,改变材料的极性、溶解性、相容性等。此外,光降解还可能诱发材料的二次反应,如交联、结晶等,进一步影响材料的物理化学性质。

除了直接影响材料性能外,光降解还会间接影响天然高分子材料的加工和应用。例如,光降解导致的分子量降低会影响材料的流变性能,给加工成型带来困难;而表面化学性质的改变则会影响材料与其他物质的粘接、涂覆、印刷等工艺。在应用过程中,光降解引起的材料性能变化也会影响其使用功能和寿命,如包装材料的防护性下降、结构材料的承载能力减弱等。因此,研究天然高分子材料的光降解机理对于指导材料改性、优化加工工艺、预测使用寿命等都具有重要的指导意义。

(二)抗光氧剂应用

抗光氧剂的应用是提高天然高分子材料耐候性的重要手段。在天然高分子材料中添加吸收紫外线的助剂,能有效延缓材料在光照条件下的降解过程,从而改善其耐光性能。

紫外线是引起天然高分子材料光降解的主要因素。高能量的紫外光子可以打断高分子链上的化学键,导致分子链断裂,使材料力学性能下降。同时,在光照和氧气的共同作用下,天然高分子还可能发生光氧化反应,生成过氧化物、羰基等含氧基团,引起材料变色、开裂等一系列问题。因此,阻断紫外光子与高分子分子链的直接接触是提高天然高分子材料耐光性的关键。

抗光氧剂正是基于上述原理发挥作用的。常见的抗光氧剂包括紫外线吸收剂和自由基捕获剂两大类。紫外线吸收剂如羟基苯甲酮类、苯并三唑类等化合物,能选择性吸收特定波长范围内的紫外光,将光能转化为热能而释放,从而保护高分子基体免受紫外线侵蚀。自由基捕获剂如受阻胺类化合物,可以捕获光降解过程中产生的高活性自由基,阻断自由基引发的连锁降解反应。

在天然高分子材料中,可以根据材料种类和使用环境选择合适的抗光氧剂并优化其用量。如在纤维素基材料中,常添加羟苯丙酸酯类紫外线吸收剂;在蛋白质基材料中,则多使用受阻酚类抗氧剂。值得注意的是,抗光氧剂与高分子基体的相容性会影响其分散状态和抗老化效果,因此需要进行适当的表面改性或加入相容剂。此外,由于不同抗光氧剂的作用机理有所差异,将几种助剂复配使用,能够产生协同增效的抗老化效果。

除了抗光氧剂,一些无机纳米填料如氧化锌(ZnO)、二氧化钛(TiO2)等也具有良好的抗紫外线性能。将其与抗光氧剂复合使用,可以进一步提高天然高分子材料的耐候性。这些无机纳米粒子不仅能阻隔紫外线,还能吸附自由基,同时改善材料的力学和阻隔性能。但需要控制无机粒子的用量和分散度,以免引入应力集中点或影响材料的透明性。

(三)表面改性技术

表面改性技术是增强天然高分子材料耐候性的重要手段。天然高分子材料由于其独特的化学结构,易受光、热、氧等环境因素的影响而发生降解,导致力学性能下降,使用寿命缩短。表面改性通过在材料表面引入新的化学基团或形成保护层,可有效阻隔外界有害因素对材料本体的侵蚀,从而提高其耐候性能。

在诸多表面改性技术中,涂覆和接枝是两种应用较为广泛的方法。涂覆是在材料表面涂布一层具有耐候性的涂层,如紫外光吸收剂、抗氧剂等,通过物理屏障作用阻挡光、氧等有害因素。这种方法操作简单、成本较低,但涂层与基材的结合力较弱,易发生脱落,且难以实现对材料表面化学性质的改变。

接枝则是通过化学键合的方式,在材料表面引入耐候性基团,常见的方法包括等离子体处理、光化学接枝、辐射接枝等。以等离子体处理为例,高能等离子体轰击材料表面,产生大量活性基团,进而与耐候性单体发生接枝反应。这种方法可在材料表面形成均匀、致密、结合力强的接枝层,改善其表面化学性质,提高耐光、耐热、耐氧化性能。

除涂覆和接枝外,还可采用表面杂化、复合等技术对天然高分子材料进行耐候性改性。如通过溶胶－凝胶工艺在材料表面生成纳米无机涂层,或者将其与耐候性高分子复合,形成具有协同增效作用的表面结构。这些方法可在更大程度上提升材料的耐候性,满足高性能、长寿命的应用需求。

三、天然高分子材料的生物相容性优化

(一)生物相容性内涵

生物相容性是指材料与生物体接触时不引起过度的生物反应,能够与生物体和谐共处的一种特性。对于天然高分子材料在生物医用领域的应用而言,良好的生物相容性是其发挥作用的基础和前提。天然高分子材料与人体组织和细胞相容,能够避免引起炎症反应、排异反应等不良生物学效应,从而确保医疗器械和药物制剂在体内的安全性和有效性。

从材料学角度来看,天然高分子的化学结构与细胞外基质中的多糖、蛋白质等天然成分相似,具有良好的亲水性、低表面能和优异的柔韧性,与人体组织具有天然的相似性和亲和力。例如,壳聚糖作为一种天然多糖,其化学结构与细胞外基质中的透明质酸类似,能够维持细胞的正常生长和增殖。又如明胶、纤维蛋白等天然蛋白质材料的氨基酸序列与细胞外基质蛋白相似,有利于细胞的黏附和铺

展。这种结构和组成上的相似性,赋予了天然高分子材料优异的生物相容性。

从生物学角度来看,天然高分子材料能够与宿主组织形成良好的界面,避免引起炎症反应、凝血反应和免疫排斥等。例如,细胞外基质衍生的天然高分子材料能够为宿主细胞提供接触引导,调控细胞黏附、迁移和分化,有利于组织的再生修复。再如透明质酸等天然多糖能够抑制巨噬细胞的吞噬作用,减轻炎症反应。天然高分子材料本身也容易被体内的酶降解,其降解产物可被机体代谢、吸收,不会引起长期的炎症刺激。总之,天然高分子材料与机体组织的良性相互作用,是其发挥生物学功能的关键。

天然高分子材料的可加工性和可修饰性,为其生物相容性的调控提供了空间。通过化学改性或物理复合等手段,可在保持天然高分子材料固有优势的同时,进一步提高其与特定组织、细胞的相容性。例如,将天然高分子材料与生物活性分子偶联,能够赋予材料特异性的生物学功能,实现材料与组织的精准匹配。再如,通过共混、嵌段等方式制备天然高分子复合材料,可兼顾不同组分的优点,获得理想的生物相容性。

(二)表面修饰改性

表面修饰改性是提高天然高分子材料与生物组织相容性的重要手段。通过在材料表面引入特定的化学基团或生物活性物质,可以有效调控材料与生物环境之间的相互作用,改善材料的生物相容性和细胞黏附、增殖等性能。在众多表面修饰技术中,等离子体处理和偶联剂接枝凭借其操作简便、效率高、适用范围广等优势受到了研究者的广泛青睐。

等离子体处理是利用等离子体与材料表面的相互作用,在材料表面引入含氧、含氮等极性基团,改变材料表面化学组成和物理形貌的方法。等离子体处理可显著提高材料表面自由能,增强其亲水性,有利于细胞在材料表面的黏附。同时,等离子体处理还能在材料表面形成纳米级粗糙结构,模拟细胞外基质的微环境,为细胞提供更多的黏附位点。研究表明,经过氧等离子体处理的壳聚糖膜,其表面亲水性显著提高,成纤维细胞在其表面的黏附和铺展明显优于未处理的壳聚糖膜。

偶联剂接枝是通过化学键合的方式在材料表面引入功能基团或生物活性物质,赋予材料特定的生物学功能。常用的偶联剂包括硅烷偶联剂、钛酸酯偶联剂等。其中,硅烷偶联剂具有独特的双官能团结构,一端可与材料表面的羟基发生缩合反应,另一端则可与含氨基、羧基等功能基团的生物活性物质反应,从而在材料表面构建起稳定的生物活性层。研究发现,经 3－氨丙基三乙氧基硅烷(APTES)改性的细菌纤维素,可有效固定 II 型胶原蛋白,显著促进成骨细胞的黏附和增殖,有望用于骨组织工程支架材料。

等离子体处理和偶联剂接枝并非相互独立,二者可以有机结合,发挥协同效应。等离子体预处理可以活化材料表面,暴露出更多的反应位点,有利于后续的偶联剂接枝。例如,在壳聚糖膜表面先进行氧等离子体处理,再进行 APTES 接枝,可使材料表面的氨基密度显著高于单一的 APTES 接枝,更有利于生长因子等生物活性物质的固定。

表面修饰改性不仅能够调控材料与细胞、组织之间的相互作用,还可赋予材料特殊的生物学功能,如抗菌性、抗凝血性等。通过在材料表面接枝抗菌肽、肝素等生物活性物质,可赋予材料良好的抗菌和抗凝血性能,拓展其在血液接触领域、创面敷料等方面的应用。但需要注意的是,表面修饰所引入的化学基团或生物活性物质,不应对材料的本征性能产生不利影响,如机械强度下降、降解速率改变等。因此,表面修饰过程中需要精细调控修饰程度,平衡材料的生物学性能与力学性能。

(三)复合改性

天然高分子材料与具有良好生物相容性的物质复合,是改善材料整体生物相容性的有效策略。生物相容性是指材料与生物体接触时,不引起过度的炎症反应、免疫反应或毒性反应,能够与机体组织和谐共存的特性。天然高分子材料如胶原蛋白、壳聚糖等,本身就具有优异的生物相容性和可降解性,但其力学性能和热稳定性往往不能满足实际应用需求。将天然高分子材料与其他具有良好生物相容性的物质复合,能够在保持天然高分子材料生物相容性优势的同时,弥补其性能上的不足,实现材料整体性能的提升。

具有良好生物相容性的复合材料主要包括无机陶瓷类材料和合成高分子材料两大类。在无机陶瓷类材料中,羟基磷灰石因其化学组成与人体骨骼相似而备受关注。研究表明,将羟基磷灰石纳米粒子与胶原蛋白复合,可以模拟天然骨的层状结构,促进成骨细胞的增殖与分化,加速骨组织修复。同时,羟基磷灰石的引入也提高了复合材料的力学强度和耐热性。类似的,生物活性玻璃也是一种常用的复合填料,其表面可释放出硅、钙、磷等离子,诱导羟基磷灰石沉积,加速骨整合过程。

在合成高分子材料方面，聚乙二醇(PEG)因其亲水性和抗蛋白吸附特性而被广泛应用于生物医用领域。将PEG接枝到天然高分子材料表面，可以降低材料表面的疏水性，减少血小板和细菌的黏附，提高材料的血液相容性和抗感染能力。此外，聚乳酸(PLA)、聚羟基烷酸酯(PHA)等可降解合成高分子也常被用于天然高分子的复合改性。这些材料降解产物无毒，具有良好的生物相容性，同时可以调节复合材料的降解速率和力学性能，满足不同组织工程化需求。

除了无机陶瓷和合成高分子外，一些天然来源的高分子材料如甲壳素、透明质酸等也可以用于提高复合材料的生物相容性。研究发现，将壳聚糖引入胶原蛋白基复合材料中，可以加快成纤维细胞迁移至材料表面的速度，促进细胞外基质的沉积，改善材料与宿主组织的整合。同理，透明质酸因其保水性和润滑性，可用于改善材料表面的润湿特性，减少炎症反应的发生。

第二章 天然高分子材料的类型

第一节 纤维素

一、纤维素的来源

(一)植物纤维素

植物纤维素广泛存在于高等植物的细胞壁中,是地球上最丰富的可再生资源之一。它不仅是植物体的重要结构组分,更是自然界中碳的主要储存库。植物纤维素的合成与积累是一个复杂而精细的生物学过程,受多种因素的调控。

从化学组成上看,植物纤维素是由数百至数千个葡萄糖单元通过β－1,4－糖苷键连接而成的线性均聚多糖。这种特殊的化学结构赋予了纤维素分子良好的结晶性和强大的分子间作用力,使其在植物细胞壁中形成致密有序的微纤丝束,为植物体提供了重要的力学支撑。同时,纤维素分子间还存在大量的氢键,这进一步增强了纤维素的结构稳定性和抗拉伸性能。

从生物合成途径上看,植物纤维素的形成是一个多步骤、多基因参与的过程。在植物细胞质中,蔗糖在蔗糖合酶的作用下转化为尿苷二磷酸葡萄糖,为纤维素合成提供底物。随后,尿苷二磷酸葡萄糖在纤维素合酶复合体的催化下,逐个连接成β－1,4－葡聚糖链,并通过氢键形成纤维素微纤丝。值得注意的是,纤维素合酶复合体是一个由多个功能亚基组成的跨膜蛋白,其活性受到多种因素的影响,如植物激素、转录因子、环境信号等。这种复杂的调控网络使得植物能够根据自身发育阶段和外界环境的变化动态调整纤维素的合成速率和积累量,从而适应不同的生长需求。

从亚细胞分布上看,植物纤维素主要集中于细胞壁中。在初生细胞壁形成过程中,纤维素微纤丝沿着细胞膜表面平行排列,与半纤维素、果胶等非纤维素多糖交织形成致密的网状结构,共同构建起植物细胞的骨架。随着细胞的成熟,初生壁外还会沉积次生壁,其中纤维素含量更高,排列更加紧密有序。次生壁的形成大大增强了植物细胞的机械强度，使其能够承受来自重力、风力等外界环境的压力，保证植株的正常生长。此外，植物韧皮部的筛管细胞、木质部的导管细胞以及种子的外皮细胞中都有大量的纤维素沉积，这些高度特化的组织在物质运输、支撑和保护等方面发挥着关键作用。

从进化生物学角度看，植物纤维素的出现是陆地植物的一个重大进化事件。在漫长的进化历程中，原始的水生植物逐渐走上陆地，开始面临重力、风力、干旱等全新的环境挑战。为了适应陆地生存，植物必须建立起强大的支撑和输导系统，而纤维素正是这一系统的核心组分。通过不断优化纤维素的合成途径和积累模式，植物逐步提高了体内纤维素的含量和结晶度，形成了高度发达的维管组织，最终实现了从低等到高等、从草本到木本的重大飞跃。可以说，正是纤维素这一利器，让植物得以在陆地上站稳脚跟，完成了从水到陆的伟大转变。

(二)藻类纤维素

藻类纤维素是存在于某些藻类(如海藻)细胞壁中的天然高分子材料。与陆生植物中的纤维素相比，藻类纤维素具有独特的化学组成和结构特征。海藻中的纤维素通常含有更多的β—1,4—甘露聚糖，而较少含有β—1,4—葡聚糖，这赋予了藻类纤维素独特的理化性质。

藻类纤维素的提取和应用已成为生物材料领域的研究热点。常见的藻类纤维素来源包括海带、裙带菜、石莼等大型海藻。这些海藻不仅生长速度快，还能够在海水中进行光合作用，高效固碳，具有显著的环境效益。与木本植物相比，海藻生物更易获取，且不会与粮食作物争夺土地资源，是一种极具开发潜力的可再生资源。

藻类纤维素的提取通常采用化学法，如碱法、酸法等。提取过程需要破坏海藻细胞壁，释放纤维素，并去除其他非纤维素成分。提取得到的藻类纤维素纯度较高，保留了纤维素的结晶结构和化学活性基团。这为其在材料领域的应用奠定了基础。

藻类纤维素在生物医学领域具有广阔的应用前景。其独特的理化性质，如高比表面积、优异的生物相容性和可降解性，使其成为理想的药物载体和组织工程支架材料。研究表明，藻类纤维素可用于创面敷料、骨修复材料等，促进伤口愈合和组织再生。此外，藻类纤维素还可作为增稠剂、乳化剂等应用于食品和化妆品工业。

近年来,藻类纤维素在新能源领域也展现出应用潜力。藻类纤维素经过适当改性处理后,可用于制备高性能的锂离子电池隔膜。这种隔膜具有高孔隙率、优异的热稳定性和机械强度,有望提升电池的安全性和循环稳定性。此外,藻类纤维素还可用于制备气凝胶、吸附剂等多孔材料,在环境治理和能源存储等领域发挥重要作用。

(三)微生物纤维素

微生物纤维素是一种由某些微生物,尤其是醋酸菌分泌产生的天然纤维素。与植物来源的纤维素相比,微生物纤维素具有独特的理化性质和生物学特性,在生物材料、医药、食品等领域表现出广阔的应用前景。

微生物纤维素的形成过程涉及了复杂的生物化学反应和调控机制。在合适的培养条件下,醋酸菌能够利用葡萄糖等碳源,通过一系列酶促反应合成葡萄糖－6－磷酸、尿苷二磷酸葡萄糖等中间产物,并最终形成β－1,4－葡聚糖,即纤维素。这一过程受到多种因素的影响,如碳源种类和浓度、培养基 pH 值、温度、溶氧量等,通过优化发酵条件可以显著提高微生物纤维素的产量和品质。

与植物纤维素相比,微生物纤维素具有更高的结晶度、纯度和均一性。这主要归功于微生物合成纤维素的独特机制。醋酸菌能够持续分泌纤维素合成酶,在细胞表面形成有序排列的酶复合物,合成出结构规整的纤维素微纤丝,并最终组装成高度结晶化的纤维素网状结构。这种结构赋予了微生物纤维素优异的力学性能,如高抗拉强度、高韧性等。同时,微生物纤维素不含木质素、半纤维素等杂质,纯度可在 99%以上,是一种理想的高纯度纤维素来源。

除了优异的理化性质,微生物纤维素还具有良好的生物相容性和生物降解性。经过适当修饰和加工,微生物纤维素可以制备成水凝胶、膜材料、纳米纤维等多种功能材料,在组织工程、创面敷料、药物缓释等生物医学领域展现出诱人的应用前景。例如,将微生物纤维素制备成多孔支架材料,可用于骨组织、软骨等组织的修复和再生。将其制备成凝胶状敷料,可用于促进伤口愈合、减轻瘢痕形成。此外,微生物纤维素还可作为药物载体,实现缓释给药,提高药物生物利用度。这些独特的生物学特性缘于微生物纤维素纳米纤维网络结构以及表面易于修饰的特点。

在食品领域,微生物纤维素凭借其增稠、乳化、稳定等功能特性,成为优质的天然食品添加剂。例如,将其添加到乳制品、果汁等食品中,可以改善食品的质地和口感，延长货架期。与传统的增稠剂相比，微生物纤维素具有更好的生物安全性，符合天然、健康的消费诉求。此外，作为一种膳食纤维，微生物纤维素还具有益生元的功能，可以选择性地促进肠道有益菌群的生长，改善宿主健康状况。

二、纤维素的分类

（一）天然纤维素

天然纤维素是指未经化学改性的纤维素，保持其天然结构特征。它广泛存在于高等植物的细胞壁中，是自然界中含量最丰富的天然高分子材料之一。天然纤维素具有独特的化学结构和物理性能，这为其在各领域的应用奠定了基础。

从化学结构上看，天然纤维素由D－吡喃葡萄糖单元通过β－1,4－糖苷键连接而成，形成线性分子链。这些分子链之间通过分子内和分子间氢键紧密结合，构成了高度有序的结晶区和无定形区相间分布的超分子结构。正是由于这种结构特点，天然纤维素具有优异的机械强度和化学稳定性。同时，大量的羟基赋予了纤维素极强的亲水性和反应活性，为其化学改性提供了便利。

天然纤维素的物理性能同样引人瞩目。它具有较高的拉伸强度和模量，可与某些合成高分子材料相媲美。但与合成材料不同的是，天然纤维素还兼具低密度、可再生、可生物降解等优点，更加符合可持续发展理念。此外，纤维素独特的多孔网络结构使其在吸附、分离等方面也有广阔的应用前景。

正是基于这些优异的化学结构和物理性能，天然纤维素在造纸、纺织、生物医学等诸多领域得到了广泛应用。在造纸工业中，植物纤维素是制浆造纸的主要原料，其中纤维素含量和结晶度直接影响着纸张的强度和印刷适性。在纺织领域，棉、麻、丝等天然纤维素纤维以其柔软、透气、吸湿等特点，长期以来被广泛用于服装面料的生产。而在生物医学领域，纤维素及其衍生物则被用于创面敷料、骨组织工程支架等医疗器械的开发。

近年来，随着生物基材料和可持续发展理念的兴起，天然纤维素更是成为备受关注的研究热点。利用纤维素发展高性能生物复合材料，开发纤维素基功能材料和智能材料，已经成为材料科学领域的前沿方向。与此同时，如何解决天然纤维素在工业应用中存在的一些问题，如结晶度高、溶解性差、加工性能有限等，也成为亟待攻克的难题。这就要求我们在继承已有成果的基础上，不断创新纤维素改性和加工技术，发挥纤维素的独特优势，推动其在更广阔领域的应用。

（二）再生纤维素

再生纤维素是一种经过溶解、再生过程得到的纤维素材料，其性质相较于天然纤维素有所改变。在再生过程中，天然纤维素的结晶结构被破坏，分子链重新排列，形成了不同于天然纤维素的结构特征。这种结构上的变化赋予了再生纤维素独特的性能，使其在许多领域得到广泛应用。

从物理性能来看，再生纤维素通常具有较高的均匀性和可控性。与天然纤维素相比，再生纤维素的纤维直径分布更加均匀，长度也可以通过控制再生条件来调节。这种均匀的结构有利于再生纤维素制品的性能稳定性和可重复性。此外，再生纤维素还具有良好的可纺性，可以被加工成各种形态的纤维、薄膜、海绵等，满足不同应用领域的需求。

从化学性能来看，再生纤维素表现出与天然纤维素不同的反应活性。由于再生过程破坏了天然纤维素的结晶区，再生纤维素中无定形区域的比例显著提高。无定形区域中纤维素分子链排列松散，具有更高的可接近性，因此更容易与化学试剂发生反应。这种特点使得再生纤维素更适合进行化学改性，如接枝、交联、酯化等，从而获得功能化的纤维素衍生物。

再生纤维素的优异性能使其在许多领域得到应用。在纺织工业中，再生纤维素可用于生产人造纤维，如粘胶纤维、醋酸纤维素纤维等，广泛应用于服装、家纺等领域。在医药领域，再生纤维素可制备成透析膜、伤口敷料、药物载体等生物医用材料。在食品工业中，再生纤维素可用于制造食品包装膜、人造肠衣等。此外，再生纤维素在造纸、油漆、建筑等行业也有广泛应用。

三、纤维素的溶解与再生

（一）溶解

纤维素的溶解是纤维素加工利用的重要环节，是制备再生纤维素和纤维素衍生物的前提。由于纤维素分子链间存在大量的氢键，导致其在常见溶剂中溶解度极低。因此，选择合适的溶剂体系，探索纤维素的溶解机理，对于拓宽纤维素的应用领域具有重要意义。

目前,纤维素的溶剂体系主要包括氢键型溶剂、衍生型溶剂和复配型溶剂。其中,氢键型溶剂通过与纤维素分子链上的羟基形成氢键,破坏了纤维素分子内和分子间的氢键网络,从而实现溶解。常见的氢键型溶剂有 N,N-二甲基甲酰胺/氯化锂(DMAc/LiCl)体系、N-甲基吗啉-N-氧化物(NMMO)等。这类溶剂体系溶解能力强,但存在毒性大、成本高等问题。衍生型溶剂则是通过在溶解过程中对纤维素进行化学改性生成易溶的纤维素衍生物,再经过溶解、再生等步骤得到再生纤维素。常见的衍生型溶剂有碱/二硫化碳(VSC)体系、氢氧化钠/尿素/冻融(NaOH/Urea/FT)体系等。这类溶剂体系对设备要求较低,但衍生和再生过程容易引入杂质。复配型溶剂通过两种或多种溶剂的协同作用增强对纤维素的溶解能力。如室温离子液体(Room Temperature Ionic Liquids,RTILs)与二甲基亚砜(DMSO)、二甲基乙酰胺(DMAc)等有机溶剂复配,可显著提高纤维素的溶解度。

纤维素的溶解机理受多种因素影响,如溶剂化学结构、溶剂化能力、温度等。一般而言,溶剂与纤维素分子间的相互作用越强,溶解能力越强。氢键型溶剂主要通过形成分子间氢键破坏纤维素结晶区,使其溶胀并逐步溶解;离子型溶剂如 RTILs 则通过阴阳离子与纤维素分子发生氢键、分子间作用力等多重作用实现溶解;衍生型溶剂的溶解机理更为复杂,涉及酯化、醚化等多个化学反应过程。此外,溶解温度的升高,一方面减弱了纤维素分子链间的作用力,另一方面加速了溶剂分子与纤维素的碰撞和渗透,有利于溶解过程的进行。

(二)再生

纤维素再生是将溶解状态的纤维素凝固形成再生纤维的过程。在再生过程中,纤维素分子链间的氢键被破坏,分子链重新取向排列,最终形成结构和性能与天然纤维素不同的再生纤维。再生过程的控制对于再生纤维素材料的性能具有决定性影响。

再生过程通常包括纺丝、凝固、后处理等关键环节。在纺丝阶段,溶解状态的纤维素溶液被挤出,形成液流或细丝;随后在凝固浴中,溶剂被凝固剂置换,纤维素分子链重新聚集、结晶,液流或细丝逐渐固化成型。凝固浴的组成、浓度、温度、pH 值等参数对再生纤维的结构和性能有重要影响。例如,酸性凝固浴有利于提高再生纤维素的结晶度和取向度,而碱性环境则有利于获得高强度、高模量的再生纤维。此外,凝固速度也是影响再生纤维形成的关键因素,过快或过慢的凝固速度都会导致纤维结构缺陷和性能下降。

除了凝固浴条件外，纺丝液的性质如浓度、黏度、温度等也会影响再生过程。高浓度、高黏度的纺丝液有利于提高再生纤维的强度，但同时也增加了纺丝难度；而较高的纺丝温度虽然有利于降低溶液黏度、改善纺丝性能，但可能导致纤维素降解，影响产品质量。因此，优化纺丝液配方和纺丝条件对于获得高性能再生纤维至关重要。

凝固成型后的再生纤维素通常还需经过拉伸、漂洗、干燥等后处理工艺进一步改善其结构和性能。拉伸可诱导纤维素分子链沿纤维轴向取向排列，提高材料的结晶度和力学性能；漂洗则可去除残留的溶剂和杂质，提高纤维的纯度；而干燥工艺的选择也会影响再生纤维的内部结构与最终性能。可见，每个再生环节的工艺参数都需要严格控制和优化，以获得性能优异的再生纤维素材料。

基于再生纤维素优异的力学性能、良好的生物相容性和可降解性，再生纤维素材料在纺织、医疗、包装等领域有广泛应用。深入理解纤维素再生过程及其影响因素，对于设计和制备高性能、多功能再生纤维素材料具有重要指导意义。通过合理调控再生条件，可制备结构可控、性能可调的功能化再生纤维素材料，满足不同应用领域的需求。同时，探索新型溶剂体系、开发连续化再生工艺，对于进一步提升再生纤维素材料的性能和生产效率也有重要价值。

四、纤维素的改性

(一)化学改性

纤维素的化学改性是拓宽其应用范围、提升材料性能的重要手段。通过在纤维素分子链上引入各种官能团，可以显著改变其物理化学性质，使其更好地适应不同应用领域的需求。酯化和醚化是纤维素化学改性中最为常见和重要的两类反应。

纤维素的酯化是指纤维素羟基与有机酸或无机酸反应，生成相应的纤维素酯。常见的纤维素酯包括醋酸纤维素、丁酸纤维素、硝酸纤维素等。酯化可以降低纤维素的结晶度，提高其溶解性和热塑性，使其更易加工成型。同时，酯化还能赋予纤维素疏水性、阻隔性等特殊功能。例如，醋酸纤维素因具有优异的成膜性、透明性和阻隔性，广泛应用于包装、涂料、膜材料等领域。

纤维素的醚化是指纤维素羟基与卤代烃或环氧化合物反应，生成相应的纤维素醚。常见的纤维素醚包括羧甲基纤维素、羟丙基纤维素、羟乙基纤维素等。醚化可以显著提高纤维素的水溶性和增稠性，使其在食品、化妆品、医药等领域有广泛应用。例如，羧甲基纤维素作为一种优良的增稠剂和稳定剂，常用于调制食品的质构和风味。同时，醚化还可以提高纤维素的保水性、分散性等性能，拓宽其在涂料、油田、建材等领域的应用。

除了酯化和醚化，纤维素的化学改性还包括接枝共聚、交联等反应。通过在纤维素分子链上接枝其他聚合物，可以获得兼具纤维素和接枝组分特性的功能材料；而交联则可以提高纤维素材料的力学性能和耐溶剂性。这些改性方法进一步丰富了纤维素材料的种类和功能，使其在智能材料、生物医用材料、环境修复材料等前沿领域崭露头角。

纤维素化学改性所用试剂通常具有一定毒性，因此在改性过程中应注意废液的收集和处理，避免环境污染。同时，改性产物的结构和性能表征也是一项关键工作，需要运用多种现代分析测试手段，如红外光谱、核磁共振、凝胶渗透色谱、热分析等，全面评估改性效果。

（二）物理改性

物理改性是改善纤维素材料性能的重要手段之一。通过高能辐射、等离子体处理等物理方法，可以在不破坏纤维素原有化学结构的基础上，对其表面形态、结晶度、热稳定性等进行调控，从而赋予纤维素新的功能和应用价值。

1. 高能辐射改性

高能辐射改性是利用γ射线、电子束等高能粒子辐射纤维素，引发其分子链发生断裂、交联等反应，进而改变材料的物理化学性质。研究表明，经过适度剂量的γ射线辐照，纤维素的结晶度会有所下降，无定形区增多，这有利于提高其溶解性和反应活性。同时，高能辐射还能在纤维素表面引入极性基团，改善其与其他材料的相容性。值得一提的是，与化学改性相比，高能辐射改性无须使用化学试剂，绿色环保，符合可持续发展理念。

2. 等离子体处理

低温等离子体中富含高能电子、离子、自由基等活性粒子，能够与纤维素表面发生复杂的物理化学作用，导致其表面形貌和化学组成发生变化。例如，氧等离子体处理可以在纤维素表面引入含氧官能团，提高其表面能和亲水性；氮等离子体处理则可以实现表面氨基化，改善其生物相容性。与此同时，等离子体处理还能实现纤维素表面的纳米结构构建，形成多孔、纤维状等特殊形貌，大幅增加其比表面积，拓展其在吸附、催化等领域的应用。

3. 超声波、微波等

超声波通过空化效应和机械作用破坏纤维素的结晶区，提高其比表面积和反应性；微波则利用介电加热原理选择性加热纤维素，实现快速均匀改性。这些方法各具特色，可根据实际需求进行选择和优化组合。

五、纤维素的生物质利用

(一)生物酶解

生物酶解技术是利用纤维素酶等生物酶将纤维素高效转化为葡萄糖的过程。这一技术不仅具有重要的理论意义，更拥有广阔的应用前景。从反应机理的角度来看，纤维素酶能够特异性地识别并催化纤维素分子内部的β－1,4－糖苷键断裂，使得高度聚合的纤维素逐步降解为葡萄糖等小分子产物。这一过程涉及多种纤维素酶组分的协同作用，如外切葡聚糖酶(exo－1,4－β－glucanase)、内切葡聚糖酶(endo－1,4－β－glucanase)和β－葡萄糖苷酶(β－glucosidase)等。它们分工协作，先由外切葡聚糖酶和内切葡聚糖酶将纤维素降解为寡糖，再由β－葡萄糖苷酶水解寡糖生成葡萄糖。

与传统的化学水解法相比，酶解法具有诸多优势。首先，酶解反应条件温和，通常在50℃左右、pH值4.8左右进行，避免了高温、强酸等苛刻条件对设备的腐蚀和产物的降解。其次，酶解过程的专一性强，产物葡萄糖得率高，后续分离纯化也相对容易。此外，酶法水解不会产生环境污染，符合绿色化学的理念。这些独特优势使得酶解法在纤维素转化领域备受青睐。

尽管如此，酶解法在实际应用中仍面临一些挑战。纤维素酶的生产成本相对较高，制约了其大规模应用。同时，纤维素的结晶区难以被酶有效水解，导致转化率降低。因此，研究人员致力于开发高活性、低成本的纤维素酶制剂，优化酶解工艺，提高纤维素的可及性和反应效率。与此同时，酶的固定化、循环利用等策略也有助于降低酶耗，拓宽其应用空间。

酶解法生成的葡萄糖可作为重要的平台化合物，经过生物或化学转化，可衍生出多种高附加值产品。在生物转化领域，葡萄糖可经微生物发酵生产乙醇、丁醇等液体燃料，柠檬酸、乳酸等有机酸，以及其他化学品和材料；在化学转化领域，葡萄糖可用于合成5－羟甲基糠醛（HMF）、糖醇等高值化学品。由此可见，以纤维素酶解制葡萄糖为起点，可构建起生物质综合利用的技术链条，实现资源的梯级转化和高值化。

（二）微生物发酵

微生物发酵是一种利用微生物将纤维素转化为燃料乙醇等有价值产品的生物技术。这一过程不仅能够高效利用可再生的生物质资源，缓解化石燃料短缺的压力，还有助于减少温室气体排放，实现能源生产与环境保护的双赢。纤维素作为地球上最为丰富的可再生资源之一，其开发利用一直是生物能源领域的研究热点。然而，由于纤维素结构复杂、难以降解，传统的化学催化方法存在能耗高、污染大等缺点。而微生物发酵则提供了一种绿色、高效的解决方案。

在微生物发酵过程中，纤维素首先被分解为葡萄糖等简单糖，然后在微生物的作用下进一步转化为乙醇。这一过程涉及复杂的生物化学反应和代谢调控网络，需要多种酶和辅因子的协同作用。为了提高发酵效率，研究人员不断优化发酵工艺，筛选和改造高产菌株，并开发了多种纤维素酶制剂，使得纤维素的转化率和乙醇产量显著提升。

除了燃料乙醇，微生物发酵还能够生产其他高附加值的化学品，如丁醇、乳酸、丙酮等。这些产品在化工、医药、食品等行业有着广泛应用，具有巨大的市场潜力。通过代谢工程和合成生物学等前沿技术，研究人员能够定向改造微生物，实现目标产物的高效合成，进一步拓展了微生物发酵的应用范围。

微生物发酵不仅具有资源利用和环境友好的优势，还能够与其他生物技术相结合，实现生物炼制的全过程整合。例如，将纤维素发酵与厌氧消化、藻类培养等技术耦合，可以建立起完整的生物质能源生产体系，最大限度地提高生物质的转化效率和能源产出。这种全流程生物炼制模式代表了生物能源产业的发展方向，对于建设可持续的能源体系具有重要意义。

第二节　木质素

一、木质素的来源

(一)植物细胞壁

植物细胞壁是植物细胞的重要组成部分,其主要成分包括纤维素、半纤维素、果胶和木质素等。其中,木质素是植物细胞次生壁的主要组成成分,在维持植物体形态、抵御外界胁迫等方面发挥着不可替代的作用。木质素是一类由对羟基苯丙烷单体经酶促氧化偶联形成的高度支链化的芳香族聚合物。它主要存在于植物细胞次生壁中,与纤维素、半纤维素紧密结合,共同构建起植物细胞壁的复杂网络结构。木质素的含量和组成因植物种类、组织器官和发育阶段的不同而异。一般来说,木本植物中的木质素含量高于草本植物,茎秆等支持组织中的木质素含量高于叶片等柔嫩组织。此外,随着植物的生长发育,木质素含量也会不断增加,这一点尤其体现在植物体的木质化过程中。

木质素虽然不参与植物的基本代谢过程,但它在植物体内却发挥着多种重要功能。首先,木质素能够增强植物细胞壁的机械强度和支撑作用。它与纤维素、半纤维素形成交联网络,使得细胞壁变得坚韧、不易破损,从而保证了植物体的强度和稳定性。这对于高大乔木等需要抵御重力和风力的植物尤为重要。其次,木质素具有疏水性,能够减少植物体内水分的散失。它沉积在细胞壁上,形成一层保护性屏障,防止水分从细胞内渗出,提高了植物的抗旱能力。最后,木质素还参与植物的防御反应。当植物受到病原体侵染或机械损伤时,木质素会在损伤处快速沉积,形成屏障阻止病原体扩散,同时还会释放一些酚类物质,发挥抗菌、抗氧化等作用。

由于木质素在植物体内的重要作用,它的合成和代谢一直是植物学研究的热点。一方面,研究人员希望通过调控木质素合成,优化木材的品质并提高木材的产量,推动林业生产的发展。另一方面,过量积累的木质素会影响植物生物质的利用,如造纸、生物燃料生产等。因此,适度降解木质素,提高生物质的可及性,也是目前研究的重点。此外,木质素及其降解产物还具有抗氧化、抑菌等生物活性,在医药、化工等领域有广阔的应用前景。

(二)木本植物

木本植物中的木质素含量因植物种类而异,针叶树和阔叶树是两大类木本植物,其木质素含量存在明显差异。针叶树木质素含量通常高于阔叶树,这与它们独特的木质部结构和化学组成有关。针叶树木质部中富含管胞和木射线薄壁细胞,而导管较少,此外还含有特有的树脂道。这种结构特点有利于木质素在针叶树木质部中大量沉积,形成致密的细胞壁,从而提高了针叶树的木质素含量。相比之下,阔叶树木质部普遍含有丰富的导管,导管腔较大,木质素沉积相对较少,因此阔叶树的木质素含量通常低于针叶树。

针叶树和阔叶树木质素含量的差异还体现在木质素的类型上。针叶树木质素主要由愈创木基型木质素构成,而阔叶树木质素则以紫丁香醇型和愈创木基—紫丁香醇型混合木质素为主。不同类型木质素的结构和聚合方式存在差异,进而影响木质素在植物体内的含量和分布。一般而言,愈创木基型木质素聚合程度较高,更易形成交联结构,因此针叶树木质素含量相对较高。

除植物种类外,生长环境和发育阶段也会影响木本植物的木质素含量。不良的生长条件如干旱、营养不良等可诱导植物体内木质素合成途径的改变,导致木质素含量升高。这是因为逆境胁迫下,植物会加强次生代谢,合成更多木质素来增强细胞壁的机械支撑和防御能力。同时,随着植物的生长发育,木质素含量也会呈现动态变化。幼龄期植株木质素沉积较少,而成熟期木质素大量积累,木质化程度显著提高。这一变化规律与植物生长发育的生理需求密切相关。

(三)合成途径

木质素的合成是植物次生代谢的重要过程,研究其合成途径及调控机制对于理解植物生长发育、抗逆适应以及木质纤维形成等具有重要意义。木质素前体物质主要包括对香豆酸、阿魏酸和芥子酸等苯丙烷类化合物,它们经过一系列复杂的酶促反应最终形成高度交联的大分子聚合物。

植物体内的苯丙氨酸解氨酶(PAL)、肉桂酸—4—羟化酶(C4H)和对香豆酸—3—羟化酶(C3H)等关键酶参与了木质素单体的生物合成。首先,PAL 催化苯丙氨酸脱氨生成肉桂酸,C4H 将肉桂酸羟化为对香豆酸。随后,C3H 将对香豆酸的3号位羟化，生成咖啡酸。咖啡酸在咖啡酸－O－甲基转移酶（COMT）的作用下甲基化为阿魏酸。这些酚酸类化合物经过苯乙烯合成酶的催化，生成相应的醇类单体如香豆醇、阿魏醇和松柏醇等。

上述醇类单体在过氧化物酶和漆酶等的作用下发生聚合反应，通过β－O－4、β－5、β－β等多种连接方式形成高度支化交联的大分子。其中，过氧化物酶催化单体自由基的生成，而漆酶则催化自由基之间的偶联反应。聚合过程受到细胞壁pH值、过氧化氢浓度、金属离子种类等多种因素的调控。研究表明，不同植物种属、组织器官乃至细胞类型中，木质素的组成和含量存在显著差异，这主要归因于木质素合成酶基因表达模式的差异。

木质素前体物的供给是影响木质素合成的关键因素之一。植物体内的苯丙氨酸主要来源于莽草酸途径，该途径的关键酶如3－脱氧－D－阿拉伯庚酮糖－7－磷酸合成酶（DAHPS）、5－烯醇丙酮莽草酸－3－磷酸合成酶（EPSPS）等的活性变化直接影响木质素前体物的供应水平。此外，糖酵解途径产生的磷酸烯醇式丙酮酸也可进入莽草酸途径，因此植物的糖代谢状况与木质素合成密切相关。

除了底物供给外，木质素合成还受到多种内外因素的调控。植物激素如生长素、赤霉素等能够诱导木质素合成相关基因的表达，促进木质化进程。逆境胁迫如干旱、盐碱、病原菌侵染等也能激活木质素代谢，增强植物的抗性。一些转录因子如NAC、MYB家族成员参与调控木质素合成酶基因的表达，进而影响木质素积累与沉积。表观遗传修饰如DNA甲基化、组蛋白修饰等对木质素合成的表达调控也有重要作用。

二、木质素的分类

（一）植物来源

1. 软木木质素

软木木质素主要来源于针叶树，如云杉、冷杉等。其结构单元以愈创木基为主，含有较多的香豆醇型木质素，与糖类形成的苷键较为稳定。软木木质素中甲氧基含量较低，约在15％～20％，因此具有较强的疏水性和抗降解性。这种结构特点使软木木质素在造纸、建材等领域有广泛应用。

2. 硬木木质素

硬木木质素以阔叶树为主要来源，如桉树、杨树等。其结构单元以紫丁香醇基为主，甲氧基含量在20%～30%，因此在碱性条件下易溶解。硬木木质素分子量较软木木质素低，多分布在5000～20000道尔顿，这赋予了其良好的反应活性。在生物质综合利用领域，硬木木质素是制备高附加值化学品的理想原料。

3. 草本木质素

草本木质素是指禾本科等草本植物中的木质素。与木本植物相比，草本植物的木质素含量较低，一般在15%～25%。草本木质素结构复杂多样，除了愈创木基和紫丁香醇基外，还含有阿魏酸、香豆酸等特殊结构单元。这些官能团的存在，使草本木质素具有独特的理化性质，如更高的极性和反应活性。目前，草本木质素的开发利用尚处于起步阶段，其在材料、能源等领域的应用前景值得期待。

（二）结构单元

愈创木质素型和紫丁香醇型是按照木质素结构单元特征进行分类的重要类型。这三类木质素在组成单元、化学结构和理化性质等方面存在显著差异，但又密切相关，共同构成了木质素大分子的基本骨架。

1. 愈创木质素

愈创木质素主要由愈创木基构成，是裸子植物和双子叶植物中的主要木质素类型。愈创木基通过β－O－4、β－5、β－β等连接方式形成聚合物，具有相对规整的结构和较高的聚合度。这类木质素中含有大量的G单元，使其具有优异的力学性能和热稳定性。在植物细胞壁中，愈创木质素起到增强支撑和抗压作用。

2. 紫丁香醇型木质素

紫丁香醇型木质素则以紫丁香醇为主要前体物，广泛分布于草本植物和某些针叶植物中。与愈创木质素型木质素相比，紫丁香醇型木质素分子结构更加复杂多样，聚合度相对较低。除了G单元外，这类木质素还含有大量S单元和H单元，使其溶解性和反应活性更高。紫丁香醇型木质素虽然力学强度不及愈创木质素型，但其抗菌性和生物相容性更为突出。

(三)溶解性质

按照溶解性质,木质素可分为碱溶性木质素和有机溶剂可溶性木质素两大类。碱溶性木质素是指能溶解于碱性溶液中的木质素,这是由于木质素分子中含有酚羟基、羧基等亲水基团,能与碱发生反应而溶解。碱溶性木质素的提取通常采用碱法,即用氢氧化钠等碱性试剂在一定温度下处理生物质,使木质素溶解,再经酸化沉淀、洗涤、干燥等步骤得到纯化的木质素产品。碱法提取的木质素产率较高,但所得产品的结构经过一定程度的改变,如脱甲基、缩聚等。

有机溶剂可溶性木质素是指能溶解于某些有机溶剂中的木质素。这类木质素通常采用有机溶剂法提取,即用二氧六环、丙酮等有机溶剂在一定条件下萃取生物质,使木质素溶解,再经蒸发、干燥等步骤回收溶剂并得到木质素产品。有机溶剂法提取的木质素结构保持较完整,但产率相对较低。不同种类的有机溶剂对木质素的溶解选择性不同,因此可通过选择合适的溶剂来获得结构和性质不同的木质素产品。

碱溶性木质素和有机溶剂可溶性木质素在理化性质上存在一定差异。碱溶性木质素分子量较小,结构单元间以β—O—4键等醚键为主,而有机溶剂可溶性木质素分子量较大,缩聚程度较高,结构单元多以碳碳单键连接。前者具有更好的反应活性和溶解性,而后者热稳定性和抗氧化性能相对更优。因此,不同溶解性质的木质素在材料合成和应用领域各有所长。

深入认识木质素的溶解性质差异对于指导木质素的分离提取和高值利用具有重要意义。根据碱溶性木质素的特点,可采用碱法高效提取,并通过控制碱浓度、反应温度等条件来调控产物的结构和性质,从而满足不同领域的应用需求。而利用有机溶剂法提取木质素,可得到结构完整、性质稳定的产品,为木质素基功能材料、生物医用材料等的制备提供优质原料。此外,碱溶性木质素和有机溶剂可溶性木质素的复配利用也是一个值得探索的方向,有望发挥两者的协同效应,获得性能更加优异的木质素基材料。

三、木质素的性质

(一)化学结构

木质素的化学结构特征主要体现在其结构单元的组成和连接方式上。木质素是由多种苯丙烷类单体通过脱氢聚合而形成的一类无规则的高分子化合物。这些单体主要包括对羟基苯丙烷、愈创木基苯丙烷和紫丁香基苯丙烷等。它们以不同的方式相互连接,形成了木质素大分子的骨架结构。

在木质素的结构中,最常见的连接方式是β—O—4 醚键。这种醚键占木质素中所有化学键的50%以上,是维系木质素大分子结构的关键。β—O—4 键的形成是由于苯丙烷单体侧链上的β—碳原子与相邻芳香环上的对位酚羟基发生缩合反应。除了β—O—4 键,木质素中还存在α—O—4 键、β—5 键、β—β 键、5—5 键和 4—O—5 键等多种连接方式。这些化学键的存在形式和数量分布因木质素来源的植物种类而异。

木质素结构单元之间错综复杂的连接方式赋予了木质素分子独特的化学性质。首先,大量的芳香结构和碳碳单键赋予木质素良好的热稳定性和抗降解性能。其次,木质素分子中大量的酚羟基、醇羟基等亲水性基团使其具有一定的亲水性,但同时疏水性的芳香骨架又使木质素分子整体上表现出疏水特性。这种亲疏水性的平衡对木质素的溶解性和反应性有重要影响。最后,木质素结构单元的不对称性和手性特征也使其在一些立体选择性反应中表现出特殊的活性。

深入理解木质素化学结构的特点对于揭示其形成机制、调控其理化性质以及拓展其应用范围都具有重要意义。一方面,通过对木质素化学结构与功能之间关系的研究,可以阐明木质素在植物体内的生物合成途径,为设计和构建理想的木质素分子结构提供理论基础。另一方面,通过对木质素化学结构的修饰和改性,可以调控其溶解性、热性能、抗氧化性等,从而满足不同领域对木质素材料性能的要求。

(二)理化性质

木质素的理化性质是研究其应用潜力的关键。木质素具有独特的热稳定性,这源于其复杂的化学结构。木质素是由多种酚类单体通过醚键和碳碳单键交联形成的三维网状高分子化合物。这种交联结构赋予了木质素较高的热稳定性,使其分解温度通常高于 300℃。同时,木质素中含有大量的芳香结构单元,这些刚性结构也有助于提高其热稳定性。因此,木质素可以在一定程度上耐受高温处理,这为其在耐高温材料领域的应用提供了可能。

1.木质素的溶解性是制约其应用的重要因素

由于木质素结构中含有大量的酚羟基,因此具有一定的亲水性。但是,木质素分子量较大,结构复杂,这导致其在水中的溶解性较差。不过,木质素在碱性条件下的溶解性明显提高。这是因为碱性条件下酚羟基发生电离,增加了木质素的亲水性,同时碱还能够破坏木质素分子间的氢键,促进其溶解。因此,碱法是工业上分离木质素的常用方法。木质素在有机溶剂中的溶解性则取决于溶剂的极性和氢键形成能力。一般而言,极性溶剂如二甲基亚砜、二甲基甲酰胺等能够较好地溶解木质素。

2.木质素的反应活性与其结构密切相关

木质素分子中含有多种活性基团,如酚羟基、醇羟基、羰基等。这些基团能够发生一系列化学反应,如氧化还原反应、缩合反应、取代反应等。其中,酚羟基是木质素最主要的反应位点。酚羟基不仅能够发生氧化还原反应,还能与醛、酮等亲电试剂发生缩合反应,生成一系列高附加值的化工产品。此外,木质素结构单元间的醚键也具有一定的反应活性,在一定条件下可以发生断裂,这为木质素的降解和改性提供了可能。总的来说,木质素的反应活性为其功能化和高值化利用奠定了基础。

(三)生物学特性

木质素的生物学特性是其在生物医用材料领域广泛应用的基础。木质素具有良好的抗菌性能,这主要归因于其独特的化学结构。木质素分子中含有大量的酚羟基,这些活性基团能够与细菌细胞膜上的蛋白质和磷脂发生相互作用,破坏细菌细胞的正常生理功能,从而抑制细菌的生长繁殖。研究表明,木质素对金黄色葡萄球菌、大肠杆菌等多种致病菌都具有显著的抑制作用。这种天然的抗菌性能使木质素在伤口敷料、医用纱布等医疗器材中得到广泛应用,有效降低患者感染的风险。

除抗菌性外,木质素还具有优异的抗氧化性能。木质素分子结构中含有大量的共轭双键和酚羟基,这赋予了它极强的自由基捕获能力。自由基是引发细胞氧化应激、加速衰老的主要因素。木质素能够有效清除体内过量的自由基,减轻氧化应激对机体的损伤,在抗衰老、抗肿瘤等方面具有广阔的应用前景。一些研究还发现,木质素的抗氧化活性可增强机体免疫力,调节炎症反应,在治疗关节炎等慢性炎症性疾病中显示出良好的疗效。

生物相容性是评价生物医用材料的另一项重要指标。理想的植入材料不仅要具备优异的力学性能，还需要与人体组织具有良好的相容性，避免引发炎症、免疫排斥等不良反应。木质素来源于天然植物，其分子结构与细胞外基质成分相似，具有天然的亲和力。研究表明，以木质素为基础的水凝胶、纳米纤维支架等能够为细胞提供理想的生长微环境，促进细胞的黏附、增殖和分化。将木质素引入医用高分子材料，可显著改善材料的生物相容性，降低植入后的炎症风险。

四、木质素的分离与精制

(一)分离方法

1.物理法

物理法是利用木质素与其他植物组分在物理性质上的差异，通过机械力或热能将其分离。常见的物理法有机械粉碎法、热解法等。这类方法操作简单、成本较低，但分离效果有限，得到的木质素纯度不高，难以满足下游应用的要求。

2.化学法

化学法是利用化学试剂与木质素发生选择性反应，从而实现分离的方法。碱法是最常用的化学分离方法，其原理是利用强碱与木质素发生断裂和溶解反应，再通过酸化沉淀得到木质素产物。碱法分离效率高、产物纯度好，但存在碱耗量大、设备腐蚀严重等问题。此外，有机溶剂法、氧化法等化学方法也得到了一定的应用。这些方法能够实现木质素的高效分离，但普遍存在成本高、污染大的缺陷。

3.生物法

生物法是利用微生物或酶选择性降解木质素以实现分离的方法。白腐真菌能够高效降解木质素，并且对纤维素和半纤维素的破坏相对较小，因此成为生物法分离木质素的首选菌种。酶法是利用木质素降解酶专一性地水解木质素，从而使其与纤维素等组分分离。与化学法相比，生物法具有分离效率高、污染小、产物纯度高等优势，是一种环境友好型的分离技术。但生物法周期长、对反应条件要求高，目前尚未实现工业化应用。

（二）常见分离工艺

1. 碱法

碱法是利用碱性溶液与木质素的化学反应，使木质素溶解并与纤维素、半纤维素等组分分离。具体而言，碱法先将生物质原料与氢氧化钠溶液混合，在一定温度和压力下进行处理，木质素在碱性条件下溶解，形成可溶性的酚氧负离子。随后，通过过滤、洗涤等步骤，分离出液相中的木质素，再经酸化、干燥等后处理，最终得到碱法木质素产品。碱法工艺条件相对温和，流程简单，但所得木质素纯度较低且化学结构易发生改变。

2. 硫酸盐法

硫酸盐法是基于亚硫酸盐与木质素的亲和性，利用亚硫酸氢钠或亚硫酸钠溶液抽提木质素的方法。硫酸盐法通过高温蒸煮生物质原料，使亚硫酸根离子与木质素结合，生成水溶性的木质素磺酸盐。蒸煮后的混合物经过滤、浓缩等操作分离出含木质素的废液。硫酸盐法制备的木质素磺酸盐具有良好的水溶性和分散性，但硫含量较高，需进一步脱硫处理。

3. 有机溶剂法

有机溶剂法是利用有机溶剂与木质素的溶解性差异，选择性地溶解和抽提木质素。常用的有机溶剂包括乙醇、丙酮、二氧六环等。有机溶剂法先将生物质原料与有机溶剂混合，在一定温度下进行回流抽提，木质素选择性溶解于有机相中。随后，通过蒸馏、结晶等方法回收有机溶剂，并获得纯度较高的木质素产品。有机溶剂法分离得到的木质素结构完整，但溶剂成本较高，存在一定的环境风险。

（三）精制与纯化技术

木质素精制与纯化技术是木质素高值化利用的关键环节。木质素是生物质中含量最丰富的芳香族聚合物之一，具有独特的化学结构和功能特性。然而，天然木质素往往含有大量杂质和非均一的结构单元，限制了其在高端领域的应用。

因此，采用合适的分离提取和精制纯化方法，获得结构明确、性能优异的木质素产品，对于拓展木质素的应用范围，实现其高值化利用具有重要意义。

1.超滤技术

超滤技术是一种基于分子筛分效应的膜分离方法，可有效去除木质素中的低分子杂质和无机盐，提高木质素的纯度。与传统的化学提取法相比，超滤更加绿色环保，能最大限度保持木质素的化学结构完整性。通过优化膜材料、孔径大小、操作压力等参数，可实现木质素分子量和结构的可控调控，获得不同规格的木质素产品，满足下游应用的多样化需求。

2.色谱分离

色谱分离是木质素精细结构表征和制备的有力工具。凝胶渗透色谱可用于分析木质素的分子量分布，揭示其结构的多分散性。高效液相色谱则能够实现木质素单体和低聚物的分离鉴定，深入理解木质素结构的微观组成。此外，制备液相色谱技术可用于分离制备结构明确的木质素模型化合物，为木质素化学反应机理研究和催化转化应用提供重要的参考物质。通过色谱分离获得的信息和样品，是开展木质素精细化利用的重要基础。

3.沉淀法

沉淀法是从木质素溶液中分离回收木质素的常用方法。通过向木质素溶液中加入非溶剂，如水、乙醇等，可诱导木质素分子间的缔合和聚集，从而形成沉淀。沉淀法操作简单，成本低廉，但容易引入杂质，分离效果有待进一步优化。采用分级沉淀可在一定程度上改善沉淀的选择性，即通过控制非溶剂的加入量和速率，实现木质素组分的阶段性分离。离心分离与沉淀法相结合可加速固液分离过程，提高木质素的回收率和纯度。

第三节　淀粉

一、淀粉的制备

淀粉作为一种天然高分子材料，在自然界中广泛存在。它主要来源于植物体内，是植物光合作用的产物，以及植物体内储存能量和碳水化合物的主要形式。淀粉主要存在于谷物、块茎、种子等植物组织中，其含量因植物种类和组织部位的不同而有所差异。例如，小麦、玉米、大米等谷物的种子中含有大量淀粉，马铃薯、木薯等块茎类作物也富含淀粉。

淀粉的制备过程通常包括原料的选择与清洗、破碎、提取、纯化、干燥等步骤。首先，选择富含淀粉的植物原料，如马铃薯、玉米、小麦等，并对其进行清洗，去除泥沙、杂质等。然后，将洁净的原料破碎，使其细胞壁破裂，释放出淀粉颗粒。接着，采用水提法、离心分离法等从破碎的原料中提取淀粉乳，并通过多次洗涤、沉淀、离心等步骤对淀粉乳进行纯化，去除蛋白质、脂肪、纤维素等非淀粉成分。最后，将纯化后的淀粉乳脱水干燥，得到纯度较高的淀粉产品。

在淀粉的制备过程中，原料的选择至关重要。不同植物来源的淀粉，其理化特性存在一定差异。例如，马铃薯淀粉的颗粒较大，形状不规则，而玉米淀粉颗粒较小，形状较为规则。因此，根据淀粉的用途和质量要求，选择合适的原料种类至关重要。此外，原料的成熟度、储藏条件等因素也会影响淀粉的品质。

淀粉提取和纯化过程中的工艺控制也十分关键。水提法是最常用的淀粉提取方法，通过加水使淀粉颗粒从破碎的植物组织中游离出来，形成淀粉乳。在此过程中，水温、pH 值、搅拌速度等参数都会影响淀粉的提取效率和品质。纯化阶段的多次洗涤和离心可以有效去除淀粉乳中的非淀粉杂质，提高淀粉的纯度。但过度的洗涤和离心也可能导致淀粉损失增加。因此，优化工艺参数，平衡淀粉品质与收率，是淀粉制备过程中的重要课题。

淀粉干燥是制备过程的最后一个环节，直接关系到淀粉产品的储藏稳定性和应用性能。常见的淀粉干燥方法有热风干燥、真空干燥、喷雾干燥等。不同的干燥方法和干燥条件会影响淀粉颗粒的形貌特征、理化性质以及功能特性。例如，高温快速干燥易导致淀粉颗粒表面产生裂纹，而温和的干燥条件有利于保持淀粉颗粒的完整性。因此，根据淀粉产品的质量要求和应用需求，选择合理的干燥工艺至关重要。

二、淀粉的糊化

淀粉的糊化是一个复杂而精妙的过程，它不仅涉及淀粉分子结构的变化，更关乎淀粉在食品加工和工业应用中的功能发挥。淀粉糊化过程中，随着温度的升高，淀粉颗粒吸水膨胀，内部结晶区逐渐瓦解，无定形区逐渐松弛，最终形成一个高度黏稠的糊状体系。这一过程伴随着淀粉颗粒形态和结构的显著变化，以及淀粉分子间氢键的断裂和重排。从微观层面来看，淀粉的糊化行为与其来源、化学组成、分子结构密切相关。不同植物来源的淀粉，其直链淀粉和支链淀粉的比例、链长分布、结晶度等特征差异显著，导致其糊化温度、糊化焓、糊化黏度等热力学和流变性质呈现出明显的多样性。例如，马铃薯淀粉的糊化温度和糊化焓普遍高于玉米淀粉，这主要归因于其支链淀粉含量较高，分子链段较长，结晶区更为致密稳定。而蜡质玉米淀粉由于缺乏直链淀粉，其糊化黏度明显低于普通玉米淀粉。

淀粉的糊化特性不仅取决于其自身结构，还受到多种外部因素的调控。pH值、糖类、脂质、蛋白质等食品组分都能显著影响淀粉的糊化行为。酸性条件下，淀粉分子易发生酸解和断链，导致糊化温度降低，糊化黏度下降。而碱性环境则有利于淀粉分子的溶胀和分散，提高体系黏度。糖类与淀粉分子竞争水分子，限制淀粉颗粒的膨胀，延缓糊化进程。脂质能与淀粉形成疏水复合物，阻碍淀粉颗粒吸水，升高糊化温度。这些因素的综合作用，使得淀粉在实际加工体系中的糊化行为更加复杂多变。

深入认识淀粉的糊化特性，对于指导淀粉的加工应用和质构调控具有重要意义。在淀粉糊的制备过程中，合理选择淀粉原料，优化加工工艺参数，是获得理想质构和稳定性的关键。例如，在酸奶等发酵乳制品中，需要选用抗酸性良好的马铃薯淀粉或木薯淀粉，以维持产品的黏稠度和质感。在冷冻食品中，则要选用糊化温度较低、耐老化性能良好的淀粉，以抑制冷冻过程中淀粉的回生。此外，通过化学改性、酶解改性等手段，可以有针对性地调节淀粉的糊化特性，扩大其应用范围。

三、淀粉的改性

淀粉作为一种重要的天然高分子材料，其改性研究一直是学术界和工业界关注的焦点。淀粉分子中含有大量的羟基，化学反应活性较高，通过化学或物理方法对其进行适当改性可以显著改善淀粉的理化性质，拓宽其应用范围。

（一）化学改性

在淀粉的改性中，常见的化学改性方法包括酯化、醚化、交联、接枝共聚等。酯化改性是在淀粉分子中引入酯基，制备淀粉酯类衍生物，如醋酸淀粉、琥珀酸淀粉等。酯化改性可以降低淀粉的结晶度，提高其溶解性和透明性，改善其成膜性和机械强度。醚化改性则是在淀粉分子中引入醚键，制备淀粉醚类衍生物，如羧甲基淀粉、羟丙基淀粉等。醚化改性可以降低淀粉的老化速度，提高其黏稠度和透明度，改善其抗凝胶老化性能。交联改性是在淀粉分子间或分子内形成交联键，制备交联淀粉。常用的交联剂有环氧氯丙烷、磷酸三甲酯等。交联改性可以提高淀粉的热稳定性和抗酶解性，改善其耐酸、耐碱性能。接枝共聚则是在淀粉分子上接枝其他聚合物，制备淀粉基接枝共聚物。常见的接枝单体有丙烯酸、丙烯酰胺等。接枝共聚可以赋予淀粉优异的吸水性、保水性、增稠性等功能特性。

(二)物理改性

在淀粉的改性中，常见的物理改性方法包括热处理、高压处理、辐射交联等。热处理是在一定温度下对淀粉进行热处理，使其发生部分解聚或重排，改变其结晶结构和理化特性。热处理可以提高淀粉的溶解性和透明度，改善其黏度特性。高压处理是在高压条件下对淀粉悬浮液进行处理，使其发生部分解聚和重排，改变其结晶结构和粒径分布。高压处理可以提高淀粉的溶解性和酶解性，改善其流变特性。辐射交联是利用 γ 射线、电子束等高能辐射对淀粉进行辐照，诱导其发生交联反应，制备交联淀粉。辐射交联可以提高淀粉的热稳定性和抗酶解性，改善其耐酸、耐碱性能。

淀粉改性产物在食品、医药、化工等领域有着广泛应用。在食品工业中，改性淀粉可作为增稠剂、稳定剂、乳化剂等食品添加剂，用于改善食品的感官品质和加工性能。例如，醋酸淀粉可用于油炸食品的脱油，羧甲基淀粉可用于调制沙拉酱，磷酸酯交联淀粉可用于速冻面团制品等。在医药领域，改性淀粉可作为药物缓释载体、崩解剂、黏合剂等药用辅料，用于控制药物释放，提高药物稳定性。例如，接枝马来酸酐的淀粉可用于口服缓释制剂，交联淀粉可用于直接压片崩解剂等。在化工领域，改性淀粉广泛应用于造纸、纺织、建材等行业，用作黏合剂、涂料、表面施胶剂等。例如，阳离子淀粉可用于制备纸张增强剂，接枝丙烯酸的淀粉可用于制备高吸水性树脂等。

四、淀粉共混与复合材料

(一)淀粉基共混材料

淀粉作为天然高分子材料，具有广泛的来源、易得、价格低廉、无毒、可降解等优点，在改性和共混复合领域有着广阔的应用前景。淀粉基共混材料是指淀粉与其他高分子材料通过共混改性制备而成的新型复合材料。共混是一种简单、经济、有效的改性方法，通过将两种或两种以上的高分子材料在熔融状态下混合，可以得到兼具各组分优异性能的共混物。淀粉基共混材料既保留了淀粉的优点，又克服了其力学性能差、吸湿性强等缺陷，在生物医用材料、农用地膜、包装材料等领域展现出巨大的应用潜力。

淀粉与合成高分子共混可大大提高材料的力学性能、耐水性和加工性能。聚乙烯（PE）、聚丙烯（PP）、聚氯乙烯（PVC）等通用塑料与淀粉共混，制备的淀粉基共混材料具有良好的综合性能。淀粉/聚乙烯共混材料的拉伸强度和断裂伸长率明显高于纯淀粉，且随着聚乙烯含量的增加而提高。此外，聚乙烯的疏水特性可以降低淀粉基共混材料的吸湿性，改善其尺寸稳定性。聚乳酸（PLA）作为一种新型可降解高分子材料，与淀粉共混制备的生物降解塑料具有优异的力学性能和良好的相容性。淀粉/聚乳酸共混材料的拉伸强度、断裂伸长率和冲击强度均优于纯聚乳酸，且可降解性能良好，有望成为理想的环保型包装材料。

除了合成高分子，天然高分子如纤维素、壳聚糖等也可用于改性淀粉，制备完全生物基的淀粉共混材料。淀粉/纤维素共混材料具有优异的力学性能和良好的成型加工性能，在食品包装、一次性餐具等领域有广阔的应用前景。将壳聚糖引入淀粉基体，可以赋予材料良好的抗菌性和生物相容性，在生物医用领域极具开发潜力。此外，淀粉还可与蛋白质、果胶等天然高分子共混，制备兼具各组分优点的功能性复合材料。

为了进一步提高淀粉基共混材料的性能，可在共混体系中引入增容剂、相容剂、交联剂等助剂。淀粉与乙烯一醋酸乙烯共聚物（EVA）、聚乙二醇等相容剂共混，可以显著改善材料的拉伸强度、断裂伸长率和冲击强度。马来酸酐接枝的聚乙烯、聚丙烯等相容剂能够增强淀粉与合成高分子的界面黏附，改善共混材料的相容性和力学性能。而过氧化物、环氧化合物等交联剂的加入，则可通过化学键合的方式提高共混物的抗水性和机械强度。值得注意的是，助剂的选择和用量需根据共混组分的种类和性质进行优化，以达到理想的改性效果。

（二）淀粉基复合材料

淀粉基复合材料是将淀粉与其他材料复合，以改善淀粉性能、拓宽其应用范围的一类新型材料。淀粉是天然高分子材料，具有来源广泛、价格低廉、可再生等优点，但其机械性能较差、吸湿性强，在实际应用中存在一定局限性。通过与其他材料复合，可以有效地改善淀粉的物理化学性能，获得兼具淀粉和复合材料优点的新型复合材料。

目前，淀粉基复合材料的研究主要集中在以下几个方面：一是淀粉/聚合物复合材料。将淀粉与合成高分子材料，如聚乙烯、聚丙烯、聚氯乙烯等复合，可以显著提高材料的力学性能和耐水性。这类复合材料在塑料包装、一次性餐具等领域有广阔的应用前景。二是淀粉/纤维素复合材料。纤维素是自然界中含量最丰富的天然高分子之一，具有优异的力学性能。将淀粉与纤维素复合可以充分发挥两者的优势，获得强度高、韧性好的环保型复合材料，在建筑、造纸、纺织等行业有重要应用价值。三是淀粉/无机粒子复合材料。将淀粉与纳米二氧化硅、蒙脱土等无机粒子复合，可以显著改善材料的阻隔性、耐热性和力学性能。这类复合材料在食品包装、药品包装等对阻隔性能要求较高的领域有广阔的应用空间。

淀粉基复合材料的制备方法主要有共混法、接枝共聚法和嵌段共聚法等。共混法是将淀粉与其他材料直接混合，通过机械作用使两相形成均匀分散的复合材料。这种方法工艺简单，易于实现产业化，但两相之间的相容性较差，复合效果有限。接枝共聚法是在淀粉分子链上接枝其他高分子单体，形成接枝共聚物。这种方法可以显著提高两相的相容性，获得性能优异的复合材料，但工艺复杂、成本较高。嵌段共聚法是通过可控自由基聚合等方法，在淀粉分子链端引入其他高分子链段，形成嵌段共聚物。这种方法可以精确控制复合材料的结构和性能，但合成路线长、产率较低。

（三）淀粉基共混与复合材料的应用

淀粉基共混与复合材料在生物医用、农业、食品包装等领域有着广泛的应用前景。淀粉作为一种天然高分子材料，具有可再生、可生物降解、价格低廉等优点，但其力学性能较差，耐水性差，加工性能不佳，限制了其实际应用。通过与其他高分子材料共混或者填充无机纳米材料，可以有效改善淀粉基材料的综合性能，拓宽其应用范围。

在生物医用领域，淀粉基共混与复合材料可用于药物缓释载体、组织工程支架等。例如，将淀粉与聚乳酸共混，制备了力学性能良好、可控降解的药物缓释微球，实现了药物的可控释放。将羟基磷灰石纳米粒子填充到淀粉基体中，可以明显提高复合材料的力学强度和细胞相容性，有望用于骨组织修复。此外，将淀粉与壳聚糖共混,可制备出抗菌性良好的创面敷料,促进伤口愈合。

在农业领域,淀粉基共混与复合材料主要用作农用地膜。传统的聚乙烯地膜难以降解,使用后会对土壤和环境造成污染。而淀粉基地膜具有可完全生物降解的优点,还可以通过共混改性或填充纳米材料提高其力学性能和耐久性,延长使用寿命。例如,将淀粉与聚丁二酸丁二酯(PBS)共混,制备了柔韧性好、耐老化的全生物降解农用地膜,实现了地膜的快速降解,减少了对环境的污染。

在食品包装领域,淀粉基共混与复合材料可替代传统的石油基塑料,实现包装材料的绿色化和可降解化。然而,淀粉基材料存在力学强度低、耐水性差等缺点,难以满足食品包装的要求。研究发现,将纳米纤维素填充到淀粉基体中,复合材料的拉伸强度和弹性模量显著提高,且具有良好的阻隔性,可用于果蔬等食品的包装。将壳聚糖接枝到淀粉上,制备阻隔性和抑菌性良好的淀粉基复合包装膜,可延长食品的保质期。

第四节　蚕丝

一、蚕丝的来源

(一)家蚕的生物学特性

家蚕作为重要的经济昆虫,其生物学特性一直备受研究者关注。家蚕的生命周期包括卵、幼虫、蛹和成虫四个阶段,每个阶段都具有独特的生理特点。在卵期,家蚕卵呈椭圆形,表面覆盖一层蜡质保护层,有利于抵御外界不良环境的影响。卵在适宜的温湿度条件下孵化为幼虫,而卵期的长短受品种和环境条件的影响。

进入幼虫期后,家蚕开始了生长发育的关键阶段。幼虫期的家蚕体色呈乳白色,身体由头、胸、腹三部分组成,腹部布满褶皱,便于蠕动。家蚕幼虫共经过 5 个龄期,每个龄期都以蜕皮为标志。随着龄期的增长,幼虫体型不断增大,取食量也随之增加。五龄幼虫在吐丝结茧前,体内的丝腺得到充分发育,体重在初孵幼虫的 1 万倍以上。这一现象体现了家蚕惊人的生长潜力。

家蚕在结茧后进入蛹期。蛹被包裹在蚕茧内,蛹开始了向成虫的发育过程。

在这一过程中，蛹体内的器官组织发生了显著的组织学和生理学变化，逐渐形成成虫的构造。蛹期一般持续10～14天，但低温条件下可延长至数月之久。

羽化后的家蚕进入成虫期，这是家蚕生命周期的最后阶段。雌雄蛾体型差异明显，雄蛾体型较小，触角呈羽毛状，而雌蛾体型较大，腹部膨大，有利于产卵。成虫不取食，主要依靠蛹期储存的营养维持生命活动。雌蛾一生可产卵500～600粒，产卵后即完成了生命史的全过程。

除生命周期的特点外，家蚕的食性专一也是其重要的生理特点。家蚕幼虫主要以桑叶为食，而桑叶中的丰富营养物质如蛋白质、糖类、维生素等是幼虫生长发育所必需的。研究表明，食桑品种和桑叶品质对家蚕幼虫的生长发育和产丝性能有显著影响。优质桑叶可显著提高家蚕的成活率、茧质量和产丝量。

家蚕对环境条件较为敏感，温度、湿度、光照等因素都会影响其生长发育。幼虫期适宜的饲育温度为20～30℃，而高温或低温都会导致家蚕生长缓慢，甚至死亡。湿度过高易引起病原微生物感染，影响家蚕健康。而光照则影响家蚕的生物钟节律，进而影响其生理代谢活动。因此，创造适宜的环境条件是家蚕养殖过程中必须严格把控的因素。

深入了解家蚕的生物学特性，对于优化养蚕生产实践、提高蚕丝品质和产量具有重要意义。通过加强基础研究，揭示家蚕在不同生命阶段的生理特点和调控机制，可为制定科学的养蚕措施提供理论依据。同时，利用现代生物技术手段，如基因工程、分子标记辅助选择等，有望在蚕种改良、优质桑品种选育等方面取得突破，推动蚕桑产业的可持续发展。

（二）蚕茧的形成过程

蚕茧的形成是一个复杂而精妙的生物学过程，它涉及家蚕生理机能、丝蛋白合成与分泌、茧丝形态构建等多个方面。家蚕在五龄末期，体内会大量合成和分泌液态的丝蛋白，这些丝蛋白经过精细调控，在体外逐渐固化，最终形成一个致密完整的蚕茧。

从微观层面来看，蚕茧的形成始于丝蛋白在家蚕体内的生物合成。家蚕丝腺中存在着大量参与丝蛋白合成的基因，它们在特定时期表达，指导丝蛋白的生物合成。这些基因所编码的丝蛋白不仅种类繁多，而且含量丰富，它们包括重链丝蛋白、轻链丝蛋白和P25等。其中，重链丝蛋白和轻链丝蛋白是构成茧丝的主要成分，它们在丝腺内形成二聚体，并通过二硫键连接，构成稳定的丝蛋白复合物。而 P25 则起到类似““黏合剂””的作用，有助于丝蛋白在体外的聚集和固化。

丝蛋白合成后，会被运输至丝腺的储存部位。当家蚕进入结茧期后，这些储存的丝蛋白会在神经内分泌调控下被释放至丝腺导管。在这一过程中，丝蛋白经历了一系列复杂的物理化学变化，包括浓缩、取向排列、脱水固化等。其中，浓缩过程使丝蛋白溶液密度大大提高，为后续纺丝过程奠定了基础；取向排列则使丝蛋白分子沿着纺丝方向有序排列，这种独特的结构赋予了蚕丝优异的力学性能；而脱水固化使得丝蛋白在体外快速凝固，最终形成坚韧的茧丝。

从宏观层面来看，蚕茧的形态构建是家蚕““智慧””的结晶。家蚕在结茧时，会先吐出一些散乱的丝，形成茧基；随后，它开始有规律地摆动头部，围绕身体旋转吐丝，逐层构建起致密规则的茧壳；最后，形成一个完整的蚕茧。值得一提的是，家蚕在结茧过程中表现出惊人的““工程学””才能：它能够精确控制丝的走向和密度，使茧壳在强度、保温性等方面达到最优；它还能调节结茧时间和吐丝速度，使整个过程高效有序地完成。这种精妙的结茧行为是亿万年自然选择和人工驯化共同作用的结果。

(三)蚕丝的收获与初加工

蚕丝从蚕茧中缫取，是一个精细而复杂的过程。传统上，农户在家蚕吐丝结茧后，将蚕茧晾晒或烘烤至彻底干燥，以防止蚕蛹羽化破茧。然后，农户将干燥的蚕茧售予缫丝企业进行加工。

在现代化的缫丝车间，干茧首先要经过筛选和分级。筛选旨在剔除破损、污染或发育不良的蚕茧，以保证成品丝质量。分级则按照茧层厚薄、色泽、形状等指标将蚕茧归类，不同等级的蚕茧将被加工成不同品质的生丝。

筛选分级后的干茧需浸泡于 40～50℃ 的温水中，使茧层软化、丝胶溶解。经验丰富的工人在此过程中不断搅拌蚕茧，并熟练地抽出茧层表面的长丝，将数根细丝集合并引至缫丝机的卷绕装置。现代化缫丝机可同时缫取多个蚕茧，并自动调节缫丝张力和卷绕速度，大大提高了生丝质量和缫丝效率。

在缫丝过程中，蚕茧在热水中不断地被抽丝，丝胶逐渐溶解，最终只剩下蚕蛹。蚕蛹通常被处理后用作农家肥或饲料，实现综合利用。缫取的生丝则呈现出典型的三角形断面和天然的光泽，手感柔软，富有弹性。

二、蚕丝的分类

(一)按蚕种类型分类

蚕丝作为一种天然高分子材料,其多样性主要体现在蚕种类型、加工工艺和品质等级等方面。不同种类的蚕吐丝结茧,经过人工采集、缫丝等初加工过程,可获得性能各异的蚕丝材料。

1.家蚕丝

家蚕丝是应用最为广泛的蚕丝品种。家蚕经过长期人工驯化和选育已形成多个品系,其茧丝质量优良,丝量高,是丝绸生产的主要原料。家蚕丝纤维洁白光亮,手感柔软,吸湿性和染色性能优异,广泛应用于服装、家纺等领域。

2.柞蚕丝

具有独特的野蚕特色。柞蚕主要取食柞树等植物的叶片,茧丝略显黄褐色,纤维较粗犷,但韧性更强。柞蚕丝织成的绸缎富有天然野性的质朴美感,更彰显个性风格。

3.天蚕丝

天蚕主要分布于我国东北、西北等寒冷地区,取食柞树、栎树等阔叶植物。天蚕丝纤维坚韧挺括,保暖性能突出,是制作高端御寒丝绸制品的上乘材料。

(二)按加工工艺分类

根据加工工艺的不同,蚕丝可以分为生丝、熟丝和绢丝等多种形态,它们在外观、性能和用途上都有明显区别。生丝是指未经过精炼、漂白等深加工的蚕丝,保留了丝胶和色素,呈现出蚕茧的原有色泽,手感略显粗糙。与之相比,熟丝经过了除胶、漂白等工序的处理,丝质柔软光滑,色泽纯正均匀,更加贴合皮肤。绢丝则是以熟丝为原料,经过多道复杂工序精制而成的高档丝织品,具有轻盈、悬垂性好、光泽柔和等特点。

从微观结构上看,生丝、熟丝和绢丝的差异源于加工过程中蚕丝蛋白结构的变化。生丝中除了纤维蛋白，还含有20%左右的丝胶，由丝胶蛋白和少量非蛋白质物质组成。丝胶在蚕丝纤维的表面形成一层保护膜，使得生丝纤维间的黏连较为紧密。经过除胶处理后，熟丝表面的丝胶被去除，纤维变得更加分离，手感也更加柔软顺滑。进一步加工成绢丝时，蚕丝纤维在并经复捻、捻纱等工艺作用下，排列更加紧密有序，织物的悬垂性、光泽度也随之提高。

生丝、熟丝和绢丝的物理机械性能也存在明显差异。生丝的强度和韧性最高，这得益于丝胶对纤维的黏合保护作用。除胶后的熟丝强度有所下降，但延伸率提高，织物柔软舒适。绢丝经过精细加工，强度介于生丝和熟丝之间，同时具备优异的弹性和抗皱性。此外，由于生丝中残留的丝胶和色素，其染色性能不如熟丝和绢丝，色泽难以精确控制。熟丝的染色均匀度高，绢丝更是可以染出丰富细腻的色彩效果。

不同加工形态的蚕丝在实际应用中各具特色。生丝常用于机织、刺绣等对纤维强度要求较高的领域；熟丝则被广泛应用于纺织、印染、服装等行业；绢丝凭借高贵典雅的质感，多见于高档服饰、丝巾、家纺等产品中。近年来，随着蚕丝加工工艺的创新和多样化发展，一些介于生丝和熟丝之间的半脱胶丝、品质优异的双宫丝等新型蚕丝品种不断涌现，极大丰富了蚕丝材料的应用空间。

(三)按品质等级分类

蚕丝的品质是影响其作为纺织原料和功能材料应用的关键因素。为了更好地开发利用这一天然高分子材料，科学合理的蚕丝分级标准和评定方法至关重要。目前，蚕丝品质的评定主要从色泽、纤度、净度、强力和伸长率等指标入手，通过感官评定与仪器测试相结合的方式进行综合判断。

在色泽方面，优质蚕丝应呈现出均匀、洁白、有光泽的特点。色泽的评定一般采用标准样本比对法，即将待评定的蚕丝样品与国家标准样本或企业内控样本进行对比，根据色泽的接近程度确定其等级。这一过程需要评定人员具备丰富的感官评定经验和较强的色彩识别能力。

纤度反映了蚕丝的粗细程度，是影响其质量和应用性能的重要指标。蚕丝纤度的测定通常采用条干法，即在恒定回潮率条件下，精确称量一定长度的蚕丝样条，计算其单位长度质量，换算得到纤度值。优质蚕丝的纤度应在一定范围内保持稳定，过细或过粗都会影响其加工性能和制品质量。

净度指标体现了蚕丝中非丝状物质的含量，如蚕茧残屑、眼点、条斑等。净度的评定采用目测法与仪器检测相结合的方法。首先，评定人员在标准光源下，用肉眼观察样品表面的非丝状物数量和分布情况，给出初步等级判定。随后，利用专业的净度检测仪器进行精确测定，得出样品的净度百分比，据此确定最终的净度等级。

强力和伸长率是评价蚕丝机械性能的主要指标。通过专业的电子强力机，对一定规格的蚕丝样条进行拉伸试验，测定其断裂强力和断裂伸长率，并与标准值进行比对，判定强力等级。优质蚕丝应具备较高的强力和适度的伸长率，以保证在后续加工和使用过程中的性能稳定性。

除上述感官评定和仪器测试外，一些先进的分析技术也被引入蚕丝品质评定中，如红外光谱、X 射线衍射等。这些技术可以从微观层面揭示蚕丝的结构特征与性能间的关系，为品质评定提供更科学、更全面的依据。

三、蚕丝蛋白的结构

(一)一级结构

蚕丝蛋白的一级结构是指组成蚕丝蛋白的氨基酸种类、数量及其排列顺序。与其他动物纤维蛋白相比，蚕丝蛋白具有独特的氨基酸组成特点。甘氨酸、丙氨酸和丝氨酸是蚕丝蛋白中含量最高的三种氨基酸，其中甘氨酸和丙氨酸含量尤为突出，二者之和可达蚕丝蛋白总量的 70%以上。这种以小分子氨基酸为主的组成特点，赋予了蚕丝蛋白分子链较高的柔韧性和运动自由度，为蚕丝纤维的高强度和优异柔韧性提供了结构基础。

值得注意的是，蚕丝蛋白的氨基酸序列并非随机排列，而是呈现出高度重复和规律性。研究发现，蚕丝蛋白重复序列主要由(GAGAGS)n、(GAGAGY)n 和(GAGAGVGY)n 等基序构成，这些基序在分子链中反复出现，形成了典型的 β—折叠结构域。β—折叠结构域内部氢键网络的形成，使得蚕丝蛋白分子链紧密堆积，进一步提高了蚕丝纤维的强度和韧性。除了重复序列外，蚕丝蛋白序列中还存在非重复区，其中富含酪氨酸、苯丙氨酸等大体积疏水性氨基酸。这些非重复区在维持蚕丝蛋白结构稳定性和影响纤维力学性能方面发挥着重要作用。

蚕丝蛋白一级结构的独特性还体现在其氨基酸侧链化学性质的差异上。蚕丝蛋白中既含有亲水性氨基酸如丝氨酸，又富含疏水性氨基酸如甘氨酸和丙氨酸，两者在空间上形成了交替分布的亲疏水区域。这种亲疏水性的交替排布，一方面有利于蚕丝蛋白分子间通过疏水作用力形成有序聚集，另一方面亲水区的存在又赋予了蚕丝良好的吸湿性和染色性。正是得益于氨基酸序列的精妙设计，蚕丝才能兼具强度、韧性、光泽、吸湿性等多种优异性能。

不同种类家蚕和不同部位的蚕丝腺分泌的蚕丝蛋白，其氨基酸组成和序列特点也存在一定差异。这些差异与蚕丝性能的多样性密切相关。例如，家蚕丝蛋白中甘氨酸、丙氨酸含量高于野蚕丝，而野蚕丝中则富含更多芳香族氨基酸，这使得家蚕丝纤维强度更高，而野蚕丝纤维韧性和吸湿性更佳。通过深入分析蚕丝蛋白一级结构的特点及其与性能间的关联，可为蚕丝的应用选择与质量评估、人工合成蚕丝蛋白的结构设计提供重要参考。

（二）二级结构

蚕丝蛋白的二级结构主要包括 α—螺旋和 β—折叠两种构象，它们在蚕丝性能的形成中发挥着关键作用。α—螺旋是由氢键稳定的右手螺旋结构构成，具有良好的柔韧性和延展性。在蚕丝重链中，α—螺旋含量较高，赋予了蚕丝优异的拉伸性能。α—螺旋结构中，每一个肽键平面都通过氢键与第四个肽键平面相连，形成稳定的螺旋结构。这种螺旋排列使得肽链中的氨基酸残基紧密堆积，增强了分子内部的作用力，提高了蛋白质的稳定性。

与 α—螺旋不同，β—折叠是由疏水相互作用和氢键来稳定的片层结构。在蚕丝轻链中，β—折叠含量占主导地位，它赋予了蚕丝高强度、高模量等力学性能。β—折叠结构中，多肽链呈现伸展的锯齿形，相邻链之间通过主链上的氢键相互连接，形成片层状的 β—折叠片。这些 β—折叠片层相互堆砌、有序排列，在层与层之间形成大量的分子间氢键和疏水相互作用，极大地增强了蛋白质的机械强度。

蚕丝蛋白中 α—螺旋和 β—折叠的比例对其力学性能有显著影响。α—螺旋含量越高，蚕丝的柔韧性和延展性越好；β—折叠含量越高，蚕丝的强度和模量越高。天然蚕丝能够兼具高强度和高韧性，正是源于其独特的二级结构组成。在家蚕丝中，α—螺旋和 β—折叠的比例约为 3∶7，形成了刚柔并济的完美平衡。这一比例是长期进化的结果，使蚕丝能够满足蚕茧保护蛹、抵御外界干扰的需求。

除了直接影响力学性能，蚕丝蛋白的二级结构还与其他性能密切相关。例如，β—折叠结构疏水性强，有利于提高蚕丝的耐水性和抗溶性。同时，规整的β—折叠排列也赋予了蚕丝优异的热稳定性。α—螺旋结构疏松，有利于染料分子的进入，提高了蚕丝的可染性。此外，α—螺旋和β—折叠的有序排列还使蚕丝具有一定的结晶性，呈现出独特的光泽和手感。

(三)高级结构

蚕丝蛋白轻链和重链的组装与空间构象是决定蚕丝性能的关键因素。蚕丝蛋白由亲水性的轻链和疏水性的重链通过二硫键连接而成。在天然状态下，轻链和重链形成稳定的复合物，其空间构象呈现出独特的有序结构。轻链富含α—螺旋结构，其中β—折叠含量较低；而重链则以β—折叠为主，α—螺旋和无规卷曲含量较少。这种结构特点赋予了蚕丝优异的力学性能和稳定性。

轻链和重链复合物的形成过程可分为核心堆积和外壳延伸两个阶段。在核心堆积阶段，疏水性的重链首先形成β—折叠晶核，并进一步堆积形成稳定的β—折叠晶体结构。这一过程主要由疏水相互作用驱动，有利于提高蚕丝的结晶度和强度。随后，亲水性的轻链通过与重链的特定位点形成二硫键，并围绕β—折叠晶核形成α—螺旋结构，构成复合物的外壳。α—螺旋结构的形成增强了复合物的柔韧性和延展性，同时也提高了蚕丝的亲水性和生物相容性。

轻重链复合物的空间构象具有高度有序性，这种有序结构是蚕丝优异性能的重要基础。β—折叠晶区呈现出反平行排列的片层状结构，晶区内部的氢键网络紧密有序，使得蚕丝具有较高的结晶度和力学强度。而α—螺旋结构则分布在β—折叠晶区周围的非晶区，其松散柔性的结构有利于蛋白分子链间形成动态交联，提高了蚕丝的韧性和延展性。此外，β—折叠晶区和非晶区在空间上形成交替分布的结构，晶区起到物理交联点的作用，而非晶区则赋予蚕丝良好的变形能力，两者的协同作用是蚕丝兼具高强度和高韧性的关键。

轻重链复合物的组装与空间构象不仅影响蚕丝的力学性能，也与其他性能密切相关。例如，β—折叠晶区疏水紧密的特点使得蚕丝具有优异的热稳定性和耐腐蚀性，而α—螺旋结构的存在则提高了蚕丝的吸湿性和透气性。同时，轻重链复合物独特的空间构象也是蚕丝生物相容性的重要基础，其表面富含亲水性基团，能够与细胞外基质发生特异性相互作用，在组织工程等领域具有广泛应用前景。

四、蚕丝蛋白的提取

(一)蚕丝溶解

蚕丝溶解是制备再生蚕丝材料的关键环节,不同溶剂体系对蚕丝溶解性能有着显著影响。传统上,人们多采用浓碱溶液如氢氧化钠、氢氧化锂等来溶解蚕丝。这些强碱性溶剂能有效破坏蚕丝分子间的氢键,使得紧密堆积的蛋白质分子链得以伸展,最终实现溶解。然而,强碱环境也易导致蚕丝蛋白的降解,影响再生丝的性能。因此,研究者一直在探索新型溶剂体系,期望在温和条件下实现蚕丝的溶解。

近年来,离子液体作为一类新型绿色溶剂受到广泛关注。研究发现,咪唑类阳离子与多种阴离子组成的离子液体能有效溶解蚕丝,且溶解过程无明显降解。这得益于离子液体独特的溶剂化机制;阳离子与蚕丝分子链上的羧基发生相互作用,阴离子则与氨基酸残基侧链形成氢键,共同破坏了蚕丝的有序结构。与碱溶液相比,离子液体溶解蚕丝的条件更加温和,一般在100℃以下即可进行,对蛋白质的破坏较小。

除了离子液体,一些有机盐溶液如Ca(SCN)2、LiSCN等也表现出良好的蚕丝溶解能力。研究表明,SCN－阴离子能与蚕丝分子链上的氨基和酰胺基团形成较强的氢键,使α－螺旋和β－折叠构象遭到破坏,从而促进了蚕丝的溶解,且这类溶剂对蚕丝蛋白的降解作用较小,所得再生丝力学性能优异。同时,有机盐溶液的制备和回收也较为简便,具有良好的应用前景。

一些低共熔溶剂如氯化胆碱/尿素、氯化胆碱/甘油等,也能在较温和的条件下实现蚕丝的溶解。研究认为,这类溶剂中的氢键供体能与蚕丝分子链形成新的氢键网络,替代了原有的分子内和分子间作用力,从而破坏了蚕丝的结晶区,促进了溶解过程的进行。不同组分低共熔溶剂的溶解性能存在明显差异,通过调控氢键供体和氢键受体的种类及比例,可对蚕丝的溶解性能实现精细调控。

(二)蛋白分离纯化

蚕丝蛋白的高效分离纯化是实现其功能化应用的前提。传统的蚕丝溶解提取过程烦琐、效率低,难以满足现代生物材料研究与开发的需求。因此,发展高效、绿色的蚕丝蛋白分离提取新技术已成为蚕丝领域的研究热点。

1.盐析法

盐析法是基于蛋白质等电点差异实现分离的经典方法。通过向蚕丝溶液中加入硫酸铵等中性盐,可诱导丝素蛋白和丝胶蛋白的分步沉淀,从而实现组分分离。研究表明,控制溶液 pH 值在丝素蛋白等电点附近,能够显著提高其沉淀效率和纯度。此外,将盐析法与超滤、反向透析等膜分离技术联用,可进一步提高分离效果,降低盐析剂用量。

2.层析法

层析法是根据蛋白质与固定相间相互作用差异实现高效分离的技术。亲和层析利用蚕丝蛋白与特异性配基间的亲和力实现分子识别和捕获。例如,通过固定金属离子与组氨酸标签的螯合作用,可实现重组蚕丝蛋白的一步法纯化。疏水相互作用层析则基于蛋白质表面疏水性差异进行分离,适用于丝素蛋白和丝胶蛋白的分离纯化。离子交换层析可根据等电点差异分离不同蚕丝蛋白亚基,并通过优化 pH 梯度洗脱条件提高分辨率。此外,近年来发展的高速逆流色谱技术可在保持蛋白质生物活性的同时实现制备级分离,为蚕丝蛋白纯化提供了新思路。

3.电泳法

电泳法可根据蛋白质电荷性质和分子量大小实现高分辨分离。毛细管电泳技术具有分离效率高、分析时间短等优势,适用于微量样品分析。采用含十二烷基硫酸钠的聚丙烯酰胺凝胶电泳,可实现蚕丝蛋白亚基组成的定性定量分析。双向电泳技术则可同时依据蛋白质等电点和分子量差异实现高分辨分离,有助于揭示蚕丝蛋白的异质性。值得一提的是,近年来发展的芯片电泳技术集成了样品制备、分离检测等功能,为高通量筛选优化蚕丝蛋白提取方法提供了新路径。

(三)提取工艺优化

蚕丝蛋白提取工艺的优化是提高蚕丝产业效益、拓展蚕丝应用领域的关键环节。传统的蚕丝蛋白提取方法,如碱法煮茧、皂化脱胶等,虽然工艺成熟,但存在着损伤蛋白结构、影响产品性能的缺陷。因此,探索温和高效的蚕丝蛋白提取新工艺,对于保持蚕丝蛋白天然结构,发挥其优异性能具有重要意义。

近年来，多种物理化学方法被应用于蚕丝蛋白提取过程中，显著提升了提取率和蛋白质纯度。超声波辅助提取技术利用声波在液体中产生的空化效应和机械作用，加速溶剂分子与蚕丝的接触，促进蛋白质的溶出。与传统方法相比，超声波辅助提取具有操作简单、提取时间短、蛋白质降解少等优点。微波辅助提取技术通过微波场加热蚕茧，破坏蚕丝的有序结构，提高蛋白质的溶解性。微波法不仅大大缩短了提取时间，而且能够最大限度地保留蚕丝蛋白的天然构象。此外，离子液体作为一种新型绿色溶剂，也被引入蚕丝蛋白提取中。离子液体与蚕丝形成氢键，削弱蚕丝分子间作用力，使蛋白质解离溶出。与传统有机溶剂相比，离子液体毒性低、选择性强，在蚕丝蛋白提取领域展现出广阔的应用前景。

酶解技术是另一种备受关注的蚕丝蛋白提取策略，通过筛选合适的蛋白酶，在温和条件下酶解蚕丝，可以获得高纯度、高得率的蚕丝蛋白。与化学试剂相比，蛋白酶专一性强、对蛋白质结构破坏小，有利于保持蚕丝蛋白的生物活性。目前，中性蛋白酶如木瓜蛋白酶、胰蛋白酶等被广泛用于蚕丝的酶解处理。研究表明，双酶或多酶联用有助于进一步提高蚕丝蛋白的提取效率。例如，将碱性蛋白酶与中性蛋白酶组合使用，可以显著缩短酶解时间，提高蚕丝蛋白产率。

生物反应器的引入为蚕丝蛋白提取工艺的优化提供了新思路，通过将蚕丝原料装填在生物反应器中，控制酶解温度、pH 值、搅拌速率等条件，可以实现蚕丝蛋白提取过程的自动化和规模化。与传统提取方式相比，生物反应器不仅提高了蚕丝蛋白的产量和质量，而且降低了生产成本，具有良好的工业应用前景。此外，膜分离技术与蚕丝蛋白提取工艺的联用，可以有效去除杂质，简化提取流程。采用超滤、纳滤等膜分离方法能够实现蚕丝蛋白与低分子杂质的快速分离，大大缩短提取时间，提高蛋白质纯度。

五、蚕丝的成纤机理

(一)蚕丝腺结构与功能

蚕丝腺是家蚕特化的器官，在蚕丝蛋白的合成、储存与分泌过程中扮演着至关重要的角色。它不仅决定了蚕丝的产量和质量，更蕴含着丝素蛋白合成与组装的奥秘。蚕丝腺由一对丝腺组成，对称分布于消化道两侧。每个丝腺又可分为前部、中部和后部三个功能区，分别承担着不同的生理功能。

蚕丝腺前部主要负责合成和分泌丝胶蛋白。丝胶蛋白是一类亲水性糖蛋白，在蚕丝纤维形成过程中起黏合和包裹的作用。中部丝腺是合成和储存丝素蛋白的主要场所。丝素蛋白由重链和轻链两类蛋白质组成，分别在中部丝腺的不同区域大量表达。这两类蛋白质以特定比例复合，形成了蚕丝纤维的基本结构单元。后部丝腺虽然体积最小，却承担着至关重要的分泌排出功能。成熟的丝素蛋白和丝胶蛋白经过后部丝腺的导管汇集，最终通过一对丝孔排出体外。

蚕丝腺不同部位的细胞在形态和功能上具有明显差异，前部丝腺上皮细胞呈柱状，含有丰富的高尔基体，这与丝胶蛋白的合成和分泌密切相关。中部丝腺上皮细胞体积庞大，细胞质中充满了富含丝素蛋白的分泌颗粒。这些颗粒在细胞内不断积累，使得中部丝腺呈现出独特的““珠串””状形态。后部丝腺导管上皮细胞高度扁平化，腔内充满了浓缩的丝素蛋白和丝胶蛋白。

蚕丝腺的生长发育与蚕的生活史密切相关。家蚕在幼虫期经历五次蜕皮，每次蜕皮后丝腺体积都会显著增大。到了五龄末期，蚕丝腺已经占据了蚕体内大部分空间。这种变化一方面源于细胞数量的增多，更归因于细胞体积的显著增大，为蚕丝的大量合成提供了物质基础。当蚕进入化蛹前的吐丝阶段后，蚕丝腺逐渐退化，最终随蛹壳的形成而消亡。

(二)蚕丝蛋白液晶行为

蚕丝蛋白溶液在一定浓度范围内能够形成液晶结构，这一独特性质为其纺丝成型奠定了重要基础。当蚕丝蛋白溶液浓度达到临界浓度时，蛋白分子在溶液中呈现出各向异性排列，形成棒状或盘状等有序结构。这种液晶态蚕丝蛋白溶液具有流动性，同时分子间的作用力增强，在外界应力的作用下能够沿着取向方向排列，形成高度取向的纤维结构。

蚕丝蛋白液晶的形成与其分子结构密切相关。蚕丝蛋白重链和轻链上含有大量的氨基酸重复序列，这些重复序列能够形成β一折叠构象，使蛋白分子呈现出刚性棒状结构。当溶液浓度升高时，棒状分子之间的排除体积效应增强，驱使其沿着一定方向排列，形成向列相液晶结构。此外，蚕丝蛋白分子间还存在氢键、疏水作用等分子间力，这些相互作用进一步稳定了液晶结构。

蚕丝蛋白液晶态溶液的形成还受到 pH 值、离子强度等因素的影响。研究发现，碱性环境有利于蚕丝蛋白液晶的形成，而酸性条件则会破坏液晶结构。这是由于 pH 值影响了蛋白分子的电荷状态和构象，进而影响分子间相互作用。此外，适当的盐浓度也有助于维持蚕丝蛋白液晶的稳定性，而过高的离子强度则会屏蔽分子间的静电引力，破坏液晶有序结构。

（三）蚕丝纤维形成机制

蚕丝纤维的形成是一个由液晶态蚕丝蛋白经纺丝过程逐步构建有序结构的动态演变过程。在家蚕的丝腺中，高浓度蚕丝蛋白形成胆甾液晶，呈现向列型排布。这种取向有序的液晶态蛋白溶液在经过纺丝孔时，受到强大的剪切力和拉伸力作用，使得液晶束逐渐变细、取向度进一步提高，最终形成高度取向、结晶度高的蚕丝纤维。

在这一过程中，蚕丝蛋白分子的构象转变起到了关键作用。液晶纺丝过程可分为变形诱导取向和应变诱导结晶两个阶段。在变形诱导取向阶段，液晶态蚕丝蛋白在外力作用下，α－螺旋构象逐步解旋伸展为β－折叠构象，分子链取向沿纤维轴向排列。这一构象转变一方面增强了分子链间的作用力，另一方面为后续结晶创造了条件。进入应变诱导结晶阶段后，高度取向的β－折叠构象在进一步拉伸应变下形成β－折叠晶体，使蚕丝纤维的结晶度大幅提高，力学性能显著增强。

蚕丝蛋白液晶纺丝过程中构象转变与分子链取向、结晶是同步进行、相互促进的。α－螺旋向β－折叠的转变提高了分子链的取向度，而取向度的提高又进一步促进了β－折叠构象的形成与结晶。因此，调控液晶纺丝过程中蚕丝蛋白构象转变的动力学，对优化蚕丝纤维的微观结构和宏观性能具有重要意义。

第三章 天然高分子材料的制备与加工技术

第一节 天然高分子材料的制备技术

一、提取与纯化技术

(一)天然高分子材料的提取方法

天然高分子材料因其广泛的来源、优异的生物相容性和可降解性，在众多领域得到广泛应用。然而，天然状态下的高分子材料往往存在结构不均一、性能不稳定等问题，难以直接满足实际应用需求。为了充分发挥天然高分子材料的潜力，必须对其进行合理的提取与改性。物理提取与化学提取是天然高分子材料制备过程中的关键技术，两者在原理和实施方法上存在显著差异，但又相辅相成，共同服务于材料性能的优化和功能的拓展。

1.物理提取

物理提取主要利用天然高分子材料与溶剂之间的相互作用，通过溶解、沉淀、过滤等操作，实现目标组分的分离和纯化。这一过程依赖于高分子材料在不同溶剂中溶解度的差异，以及温度、pH 值等外界条件的调控。物理提取操作简单，成本较低，且不会破坏材料的化学结构，因此常用于热敏性或化学稳定性较差的天然高分子的分离提取。例如，纤维素在常见的有机溶剂中溶解度较低，但在离子液体、氧化铜氨等特殊溶剂中具有良好的溶解性。利用这一特性，可以通过溶解一再生的方法，有效去除纤维素中的杂质，得到高纯度的纤维素材料。类似的，壳聚糖可以在稀醋酸溶液中溶解，经过碱沉淀和反复洗涤，即可获得纯度较高的壳聚糖产品。

2.化学提取

与物理提取相比，化学提取则利用化学反应来实现目标组分的定向分离和选择性修饰。通过与高分子材料发生化学反应，可以显著改变其溶解性、反应活性等特性，从而实现高效、高选择性的提取和纯化。同时，化学提取过程往往伴随着材料化学结构的改变，因此也是实现材料功能化修饰的重要手段。在天然高分子的化学提取中，酶解、氧化、酯化等是较为常用的反应类型。例如，木质素是一类难溶性强、化学稳定性高的天然芳香族聚合物，传统的物理提取方法难以实现其高效分离。而采用酶促水解的化学提取策略，则可以选择性断裂木质素的醚键和酯键，显著提高其溶解性，实现木质素与纤维素、半纤维素的有效分离。又如甲壳素经过脱乙酰化反应转化为壳聚糖后，其溶解性和反应活性都将大幅提高，更有利于后续的提取和应用。

(二)天然高分子材料的纯化技术

天然高分子材料在提取过程中往往含有杂质和低分子量物质，需要进一步的纯化处理才能满足应用要求。色谱法、电泳法和膜分离法是天然高分子材料纯化中常用的三类方法，它们在分离机理、操作条件和适用范围等方面各具特色。

1.色谱法

色谱法是基于待分离物质在固定相和流动相之间的分配系数差异而实现分离的一类技术。对于天然高分子材料，根据分子量、极性等性质的不同，可选用凝胶渗透色谱、亲和色谱、离子交换色谱等多种类型。以凝胶渗透色谱为例，填料中的微孔能够按照分子量大小实现对高分子的筛分作用，分子量越大的组分越先流出，从而达到提纯的目的。色谱操作条件温和，能够在保持生物大分子结构完整性的同时实现高效分离，尤其适合对热敏感性高的高分子纯化。

2.电泳法

电泳法是基于待分离物质在电场作用下迁移速率差异而实现分离的技术。天然高分子材料在电场中的迁移速率主要取决于分子量、电荷性质以及所处介质的特性。聚丙烯酰胺凝胶电泳可有效分离分子量不同的蛋白质、核酸等生物大分子，且凝胶浓度可调，分辨率较高。毛细管电泳具有高效、快速、进样量少等优势，适合对含量较低的目标高分子进行分析和制备。此外，等电聚焦电泳可根据蛋白质的等电点差异实现分离，二维电泳则能够从分子量和等电点两个维度对蛋白质进行高分辨分离。

3. 膜分离法

膜分离法是利用分子截留作用实现对不同大小物质分离的一类方法。超滤膜和纳滤膜常被用于天然高分子材料的分级纯化。高分子溶液在压力驱动下通过膜时，截留分子量大于膜孔的高分子而使其浓缩，低分子量杂质则随溶剂通过膜得以去除。相比其他方法，膜分离不受加热和化学添加剂的影响，能在温和条件下连续操作，具有能耗低、分离效率高、产品纯度好等优点。选择合适的膜材料和孔径，可实现从初级提取物到最终高纯度产品的全流程纯化。

(三)提取与纯化过程中的影响因素

1. 温度

一般而言，温度升高有利于提高溶剂的溶解能力，加速溶质分子的运动，促进其与溶剂的充分接触和反应，从而提高提取效率。然而，过高的温度也可能导致某些热敏感性高分子材料的降解，影响其理化性质和生物活性。因此，针对不同类型的天然高分子材料，需要通过系统的实验优化，确定最佳的提取温度范围，在提高提取效率的同时最大限度地保持材料的结构完整性。

2. pH 值

多数天然高分子如多糖、蛋白质等都含有丰富的酸性或碱性基团，其电离状态和溶解性能与 pH 值密切相关。酸性条件下，高分子上的羧基、磺酸基等基团易发生质子化，带正电荷，溶解性增强；而碱性环境则有利于氨基、酚羟基等基团的去质子化，呈现负电性，也能提高溶解度。合理调控提取环境的 pH 值，有助于降低天然高分子材料的溶解势垒，促进其与溶剂的充分接触，提高提取率。同时，pH 值还影响材料分子的空间构象和聚集态行为，进而影响其在溶液中的稳定性和分离效果。因此，基于天然高分子材料的理化性质，优化提取溶液的 pH 值范围，对于实现高品质的提取与分离至关重要。

3. 溶剂种类

根据相似相溶原理，只有选用与目标天然高分子材料极性相近、溶解参数匹配的溶剂，才能使材料的溶解度最大化，降低杂质的溶出，从而获得高纯度的提取物。对于亲水性高分子如多糖、蛋白质,常采用水、醇类等极性溶剂进行提取;而疏水性材料如木质素、植物油脂等,则需使用乙酸乙酯、正己烷等非极性溶剂。针对介电常数、偶极矩、氢键等参数,系统评估溶剂与高分子材料的亲和力,筛选最优溶剂组成,是实现高选择性提取的关键。溶剂的配比和组成还影响着提取过程中高分子与杂质在溶剂中的溶解、扩散、结晶行为,进而影响提取物的得率与纯度。因此,基于目标产物的特性,优化溶剂种类和配比,对提取与纯化过程的顺利实施具有决定性意义。

二、化学改性技术

(一)天然高分子材料的化学改性方法

天然高分子材料的化学改性是一种重要的制备技术,其目的是在天然高分子分子结构中引入新的官能团或改变原有基团的性质,从而赋予材料优异的物理、化学性能。化学改性主要包括酯化、醚化、接枝共聚等反应路线。

1.酯化反应

酯化反应是天然高分子化学改性的常用方法之一。它是指高分子材料上的羟基与酸、酸酐或酰氯等含羰基化合物发生反应,生成酯键的过程。酯化可以显著改善天然高分子材料的疏水性、热稳定性和力学性能。例如,纤维素经乙酰化处理后,其耐热性和抗溶剂性能大大提高,在塑料、涂料等领域有广泛应用。酯化反应的关键在于控制反应条件,如温度、催化剂用量等,以获得理想的取代度和均一性。

2.醚化

醚化是在碱性条件下,利用卤代烃或环氧化合物与天然高分子上的羟基发生亲核取代反应,生成醚键的过程。与酯化类似,醚化能够调节材料的亲疏水性、溶解性和热性能。但由于醚键的稳定性高于酯键,因此醚化产物通常具有更好的化学稳定性。以壳聚糖为例,经过氧丙基化改性后,其水溶性和生物相容性明显改善,在生物医药领域备受青睐。醚化反应一般在强碱性介质中进行,需要注意控制反应时间和碱的用量,避免发生支链反应和材料降解。

3.接枝共聚

接枝共聚是将其他单体引入天然高分子分子链，形成支化或梳状结构的过程。这种改性方式能够将天然高分子和合成高分子的优点结合起来，制备出性能优异的复合材料。常见的接枝方法有自由基接枝、原位聚合接枝等。例如，在淀粉分子上接枝丙烯酸，可以制备出具有优异吸水性的高分子材料，广泛用于农业保水剂、卫生用品等领域。接枝共聚反应通常需要引发剂参与，反应条件相对复杂，需要精确控制单体比例、反应温度等参数。

(二)化学改性对天然高分子材料性能的影响

化学改性是优化天然高分子材料性能的重要手段之一。通过对天然高分子的化学结构进行定向修饰，可以显著改善其物理、化学性质，拓展其应用范围。化学改性前后，天然高分子材料在溶解性、热稳定性、力学性能、生物相容性等方面往往会发生显著变化。

天然高分子材料的溶解性是影响其加工和应用的关键因素。许多天然高分子如纤维素、壳聚糖等具有较强的分子间氢键作用，导致其在常见溶剂中溶解性差，难以进行溶液加工。通过对天然高分子进行酯化、醚化等化学改性，可以降低分子间作用力，显著提高其溶解性。例如，将纤维素进行乙酰化改性，可制备得到在常见有机溶剂中溶解性良好的醋酸纤维素，从而拓宽了纤维素的应用领域。

化学改性对于提升天然高分子材料的热稳定性具有重要作用，天然状态下，许多高分子在加热过程中易发生降解，限制了其在高温环境下的应用。通过引入热稳定性基团，构建交联结构等化学改性策略，可以有效提高天然高分子的热分解温度和残炭率。以木质素为例，木质素经过磺酸化改性后，其热稳定性明显优于未改性木质素，在阻燃材料、碳材料等领域展现出广阔的应用前景。

力学性能是评价高分子材料的重要指标之一，天然高分子材料的力学性能往往难以满足实际应用要求，亟须通过化学改性来加以提升。例如，在天然橡胶分子链上接枝硬脂酸，可显著提高其拉伸强度和耐磨性能；在壳聚糖上引入柔性侧链，可赋予其优异的韧性和延展性。通过合理设计化学改性路线，可以在分子水平上调控天然高分子的结构与性能，获得力学性能优异的高分子材料。

化学改性还可用于改善天然高分子材料的生物相容性。天然高分子材料如胶原蛋白、透明质酸等在组织工程和药物载体等生物医用领域具有广泛应用，但其免疫原性和体内稳定性有待提高。通过对天然高分子进行 PEG 化等化学修饰，可有效降低其免疫原性，延长其在体内的滞留时间，提高生物相容性。同时，在天然高分子骨架上接枝生物活性分子，可赋予材料特异性的生物功能，在药物缓释、细胞培养等方面展现出诱人的应用前景。

（三）化学改性天然高分子材料的应用

随着生物医药和食品工业的快速发展，天然高分子材料在这些领域中的应用日益广泛。化学改性技术为天然高分子材料的应用开辟了新的天地，大大拓宽了其应用范围和应用深度。通过化学改性，可以针对性地调控天然高分子材料的物理化学性质，如溶解性、热稳定性、力学性能等，从而满足不同应用领域的特定要求。

在生物医药领域，化学改性天然高分子材料具有广阔的应用前景。例如，壳聚糖经过化学改性后，可以制备出具有优异生物相容性和可降解性的药物载体，实现药物的可控释放和靶向递送。改性壳聚糖还可以作为创面敷料，促进伤口愈合。又如透明质酸经化学改性后，可以制备出具有良好保湿性和弹性的皮肤填充剂，在抗衰老和美容整形中得到广泛应用。改性透明质酸还可用于关节腔内注射，缓解骨关节炎症状。再如明胶经过化学交联改性，可以用于制备机械强度更高、热稳定性更好的骨修复材料。这些改性天然高分子材料在组织工程、药物缓释、创面修复等生物医药领域展现出巨大的应用潜力。

在食品工业中，化学改性天然高分子材料同样扮演着重要角色。例如，淀粉经过接枝共聚、交联等化学改性后，其增稠性、乳化性、凝胶性等功能特性得到显著提升。改性淀粉可作为食品增稠剂、稳定剂，改善食品的质地和口感。再如，纤维素经过羧甲基化、羟丙基化等化学改性，可制备出溶解性更好、分散性更佳的纤维素衍生物，在食品工业中用作乳化剂、悬浮剂等。改性纤维素还可以作为食品包装材料，延长食品的保质期。又如，瓜尔胶经过羟丙基化改性后，其溶解性和流变性能显著提高，可用作冰激凌、饮料等食品的增稠剂和稳定剂。总之，化学改性天然高分子材料以其独特的理化性质和功能特性，在食品工业中发挥着不可替代的作用。

化学改性不仅可以优化天然高分子材料的性能，还能赋予其新颖的功能特性。例如，壳聚糖经过改性可引入抗菌基团，制备出具有优异抗菌性能的生物材料，在医疗器械、食品包装等领域具有广阔应用前景。又如纤维素经过接枝改性可引入温敏或 pH 敏感基团，制备出智能响应性材料，在药物传递、生物传感等领域展现出诱人的应用潜力。再如大豆分离蛋白经过酶促交联改性，可制备出凝胶特性更佳、营养价值更高的功能性食品原料。这些拥有新颖功能的改性高分子材料，极大地拓展了天然高分子材料的应用空间。

化学改性天然高分子材料在生物医药和食品工业的应用中，不仅带来了直接的社会效益和经济效益，更体现出绿色、环保、可持续发展的时代特征。天然高分子材料本身就是来源于自然界的可再生资源，经过化学改性后，既保留了其固有的生物相容性和生物降解性，又克服了其物化性能的局限，实现了高性能与可降解的完美结合。这为生物医药和食品工业的绿色发展提供了新的材料平台和技术支撑。同时，以天然高分子为原料制备功能材料，符合当前资源节约型、环境友好型社会的建设要求，对于缓解石化资源短缺、减轻环境污染负荷具有重要意义。因此，大力发展化学改性天然高分子材料，对于推动生物医药和食品工业的创新发展、引领行业技术进步具有重大战略意义。

三、物理改性技术

(一)常见的物理改性方法

1.热处理

热处理是最常用的物理改性方法之一，通过加热使材料中的分子链段运动加剧，重新排列组合，形成更加紧密有序的结构。这一过程可以提高材料的结晶度和取向度，从而增强其强度、模量等力学性能。热处理的温度和时间是关键的技术参数，需要根据材料的种类和性能要求进行优化。例如，对于纤维素材料，温度通常控制在 150～200℃，时间在 30 分钟到几个小时不等。

2.辐射交联

辐射交联是利用高能射线如 γ 射线、电子束等引发材料中的分子链发生交联反应，形成三维网状结构。这种结构可以显著提高材料的机械强度、耐热性、耐溶剂性等，同时还能赋予材料一定的形状记忆效应。辐射交联的剂量和剂量率是影响改性效果的重要因素，过低的剂量不足以引发足够的交联反应，而过高的剂量则可能导致材料降解。以壳聚糖为例，γ 射线照射剂量在 10～50kGy 范围内，可以显著改善其力学性能和热稳定性。

3. 等离子体处理

等离子体处理是一种表面改性技术，通过低温等离子体与材料表面的相互作用，引入活性基团，改变表面化学组成和形貌，进而调控材料的表面性能如亲水性、黏附性、生物相容性等。等离子体处理的气体种类、功率、时间等参数对改性效果有重要影响。例如，以氧气为处理气体，可以在纤维素表面引入羧基、羰基等含氧基团，提高其亲水性；以氮气为处理气体，则可以引入氨基，改善其与其他材料的黏附性。

(二)物理改性天然高分子材料的应用

物理改性技术为优化天然高分子材料的性能提供了新的可能。通过热处理、辐射交联、等离子体处理等方法，可以有效改善天然高分子材料的力学性能、热稳定性等物理性质，拓展其应用领域。在环保材料领域，物理改性技术为天然高分子材料的应用开辟了广阔天地。例如，经过热处理和辐射交联改性的木质纤维素，其强度和耐久性显著提高，可用于制造高性能的环保型建筑材料和包装材料。再如利用等离子体处理技术对竹纤维进行表面改性，可以提高其与聚合物基体的界面黏结性能，制备出力学性能优异的竹纤维增强复合材料，在汽车内饰、体育器材等领域具有广泛应用前景。

在功能纺织品领域，物理改性技术同样发挥着重要作用。以蚕丝为例，通过 γ 射线辐照交联处理，可以赋予蚕丝优异的抗菌、抗紫外线、阻燃等功能，制备出多功能防护型纺织品。值得一提的是，采用物理改性方法制备功能性蚕丝面料，避免了化学试剂的使用，更加环保和安全。类似的，对棉、麻等天然纤维素纤维进行低温等离子体处理，可以在纤维表面引入亲水基团，显著提高其吸湿性能和染色性能，制备出色牢度高、穿着舒适的功能性纺织品。

四、生物改性技术

(一)酶促改性技术

酶促改性技术是天然高分子材料制备与改性的重要手段之一。与传统的化学改性和物理改性方法相比，酶促反应具有高效、特异性强、条件温和等独特优势。在天然高分子材料的酶促改性过程中，水解和交联是两类最为常见和重要的反应类型。

酶促水解是利用酶的催化作用，将天然高分子材料中的化学键选择性断裂，从而改变其分子量、溶解性、黏度等物理化学性质的过程。纤维素酶、木聚糖酶、几丁质酶等多种水解酶被广泛应用于纤维素、半纤维素、甲壳素等天然多糖类材料的酶解改性。酶水解可以有效降低这些材料的分子量和结晶度，提高其水溶性和反应活性，有利于后续的化学修饰和应用。同时，酶水解产物如低聚糖、寡糖等也具有重要的生理活性和应用价值。

与水解相对，酶促交联则是通过形成新的化学键，将天然高分子分子连接成网状或支链结构，从而显著提高材料的力学性能、热稳定性和抗溶解性。漆酶、过氧化物酶、转谷氨酰胺酶等氧化还原酶和转移酶常被用于蛋白质、多糖的交联改性。在酶的催化下，这些大分子链段之间通过共价键、氢键、疏水作用等多种方式形成稳定的三维网络结构。酶交联改性可赋予天然高分子材料优异的凝胶特性、成膜性能和对环境因素的耐受能力，拓宽其在生物医用材料、智能响应材料、功能薄膜等领域的应用。

酶促水解和交联反应对天然高分子材料性能的影响主要体现在以下几个方面：首先，酶水解可以调控材料的分子量分布和结晶度，进而影响其流变性质、力学行为和溶解特性；酶交联则能够提高材料的分子量和支化度，赋予其优异的力学强度、形状稳定性和溶剂耐受性。其次，酶促反应可以改变天然高分子的表面化学性质和形貌特征，如酶解产生的官能团有利于材料表面改性，酶交联形成的多孔网络结构有利于细胞黏附和组织再生。此外，酶促反应还可以调节天然高分子材料的生物相容性和降解特性，如酶解可加速材料的生物降解，酶交联能够延缓降解速率，从而满足不同的生物医用需求。

(二)微生物发酵改性技术

微生物发酵改性技术是利用微生物的新陈代谢过程，通过对发酵条件的优化调控，实现对天然高分子材料性能的定向改良。这一技术不仅能够赋予天然高分子材料全新的理化特性，更能从根本上改变其应用范围和价值。与传统的化学改性方法相比，微生物发酵改性技术具有绿色环保、成本低廉、工艺简单等优势，在生物医用材料、功能性食品添加剂、生物基材料等领域展现出广阔的应用前景。

微生物发酵改性的基本原理在于利用微生物的酶系统，通过对天然高分子材料中特定化学键的选择性断裂和重组，引入新的官能团或侧链，从而调节材料的溶解性、黏度、热稳定性等性能。常见的发酵菌种包括枯草芽孢杆菌、大肠杆菌、酿酒酵母等，它们能够分泌出纤维素酶、淀粉酶、蛋白酶等多种水解酶和转移酶，为天然高分子材料的定向改性提供了多样化的生物催化工具。以纤维素为例，枯草芽孢杆菌分泌的纤维素酶能够特异性地切割纤维素分子链上的β—1,4—糖苷键，将纤维素分子降解为寡糖或葡萄糖，大大提高了纤维素的水溶性和反应活性。在此基础上，经过酶促催化剂的作用，寡糖或葡萄糖可以与其他活性物质发生缩合反应，引入羟基、羧基、氨基等新的官能团，赋予纤维素材料独特的性能。

微生物发酵改性的关键在于发酵工艺参数的优化和发酵过程的精准控制。影响发酵效果的因素包括菌种筛选、培养基配方、pH值、温度、溶氧量、搅拌速率等。通过响应面法、正交试验设计等方法，可以系统考察各因素对发酵产物的影响规律，并确定各参数的最佳组合。同时，在发酵过程中，还需要实时监测培养液的理化指标，动态调节反应条件，确保发酵过程的稳定性和可控性。借助于生物传感器、在线检测仪等现代设备，发酵过程的自动化控制水平得到显著提升，极大地提高了发酵改性的效率和质量。

在实际应用中，微生物发酵改性技术已经取得了一系列瞩目成果。例如，利用枯草芽孢杆菌发酵改性甲壳素，可以制备出水溶性好、生物相容性强的壳聚糖衍生物，在药物载体、组织工程支架等方面具有广阔的应用前景。又如利用酿酒酵母发酵改性淀粉，可以引入羟丙基、羧甲基等亲水性基团，显著改善淀粉的流变性能和成膜性能，在食品工业中得到广泛应用。此外，通过基因工程技术构建高效工程菌株，可以进一步拓展天然高分子材料发酵改性的新途径。

（三）生物改性天然高分子材料的应用

生物改性天然高分子材料在药物缓释和组织工程等生物医学领域展现出广阔的应用前景。这些材料通过生物改性获得了独特的性能，能够更好地模拟天然细胞外基质的微环境，促进细胞的黏附、增殖和分化，从而在组织修复和再生方面发挥重要作用。同时，生物改性还赋予了天然高分子材料优异的生物相容性和可降解性，有利于其在体内的安全应用和代谢。

在药物缓释领域，生物改性天然高分子材料可以作为药物载体，通过可控的药物释放实现持续、定点给药，提高药物利用率，降低毒副作用。例如，壳聚糖经酶促交联改性后,能够形成多孔的水凝胶网络结构,利用其 pH 敏感性实现药物的可控释放。又如透明质酸经过酯化修饰,可以制备成纳米粒载药系统,靶向作用到肿瘤组织,提高化疗药物的疗效。这些生物改性策略大大拓宽了天然高分子材料在药物缓释中的应用范围。

在组织工程方面,生物改性天然高分子材料为构建理想的细胞支架提供了优良的候选材料。天然高分子如胶原蛋白、透明质酸等,本身具有良好的生物相容性和生物活性,但其力学性能和稳定性往往不能满足组织修复的要求。通过生物改性,如酶促交联、化学接枝等,可以显著提高支架材料的力学强度和抗酶解性能,同时引入特定的细胞黏附位点或生长因子,营造有利于细胞生长的微环境。例如,将胶原蛋白与甲基丙烯酸甲酯共聚物进行接枝改性后,制备的复合支架兼具胶原的生物活性和合成聚合物的力学强度,在软骨组织工程中展现出良好的修复效果。

此外,生物改性天然高分子材料在生物医学领域的应用还体现在生物传感、伤口敷料、细胞封装等诸多方面。利用酶促改性可以在天然高分子表面引入特异性识别基团,制备高灵敏度的生物传感器;将天然高分子材料与纳米材料复合,可以赋予敷料材料优异的抗菌、止血功能;利用微生物发酵改性的天然多糖,可以用来制备生物相容性良好的细胞微囊,实现免疫隔离。

第二节　天然高分子材料的加工技术

一、溶液加工技术

(一)溶液纺丝

溶液纺丝技术利用高分子溶液的黏弹性和成纤性制备纤维材料,是一种重要的天然高分子材料加工方法。该技术通过将天然高分子溶解在适宜的溶剂中,形成均匀稳定的高分子溶液,再经过喷丝头挤出、凝固、成型等过程,最终获得具有特定性能的纤维材料。

天然高分子溶液在纺丝过程中表现出独特的流变学行为,这是由其大分子链的结构特点决定的。天然高分子分子链通常含有大量的亲水基团,如羟基、羧基等,使其在水等极性溶剂中具有良好的溶解性。同时,天然高分子分子链上还存在大量的分子内和分子间氢键作用,赋予了其溶液良好的黏弹性。在适当的浓度和温度条件下,天然高分子溶液能够形成稳定的液晶相,表现出各向异性排列,这为纺丝提供了结构基础。

在溶液纺丝过程中,高分子溶液经由喷丝头细孔挤出,形成细丝状的液流。随着溶剂的不断蒸发,液流中高分子分子链的运动逐渐受限,开始取向排列并最终固化成型,形成取向度高、力学性能优异的纤维。纺丝过程中影响纤维性能的因素包括高分子溶液的浓度、黏度、温度等,以及喷丝头的结构参数、凝固浴的组成与温度等。通过优化调控这些工艺参数,可以制备出不同形貌和性能的天然高分子纤维材料。

溶液纺丝技术的一个典型应用是再生纤维素纤维的制备。纤维素是自然界中含量最为丰富的天然高分子之一,广泛存在于木材、棉花等植物体内。将纤维素溶解在氢氧化钠/二硫化碳的粘胶溶液体系中,经过预成型、凝固再生、后处理等过程,可获得再生纤维素纤维。与天然纤维素纤维相比,再生纤维素纤维具有更加优异的力学性能和染色性能,在服装、家纺等领域得到广泛应用。

溶液纺丝技术还可用于制备壳聚糖纤维、大豆蛋白纤维等天然高分子纤维材料。壳聚糖是甲壳素的脱乙酰化产物,具有良好的生物相容性和抗菌性。将壳聚糖溶解在稀醋酸溶液中,经湿法纺丝可制得高强度、高韧性的壳聚糖纤维,在生物医用领域具有广阔的应用前景。大豆蛋白纤维则是以废弃的大豆榨油渣为原料,经提取纯化、溶液纺丝制备而成,不仅具有优异的服用性能,还可实现农业废弃物的高值化利用。

(二)溶液浇铸成膜

溶液浇铸成膜是一种简单、经济且实用的高分子薄膜制备技术。该技术利用高分子材料在特定溶剂中的溶解性,将高分子溶液浇铸于基材表面,待溶剂挥发后即可获得均匀致密的高分子薄膜。在天然高分子材料领域,溶液浇铸成膜技术得到了广泛应用,用于制备各类功能性膜材料,如隔离膜、渗透膜、包装膜等。

1. 溶液浇铸成膜的过程

溶液浇铸成膜的过程主要包括配制高分子溶液、基材预处理、溶液浇铸、溶剂挥发和薄膜成型等步骤。首先,根据膜材料的性能要求,选择合适的天然高分子材料和溶剂，将高分子溶解于溶剂中，配制成浓度适宜的均相溶液。常用的天然高分子材料有纤维素及其衍生物、壳聚糖、明胶、大豆蛋白等，溶剂可选择水、乙醇、丙酮等。其次，对基材进行必要的预处理，如清洗、干燥、表面活化等，以提高其与高分子溶液的浸润铺展性和附着力。再次，采用刮涂、旋涂、喷涂等方式将高分子溶液均匀浇铸于基材表面，控制铺展厚度和均匀性。复次，利用溶剂的挥发使高分子溶液逐渐浓缩，形成连续致密的薄膜。最后，经过适当的干燥和后处理，即可得到性能优异的天然高分子薄膜。

2. 溶液浇铸成膜技术的优势

溶液浇铸成膜技术的优势在于工艺简单、成本低廉、适用范围广。通过改变高分子材料的种类和浓度、溶剂的性质、基材的类型以及浇铸工艺参数，可灵活调控所制备薄膜的厚度、形貌、结构和性能，满足多样化的应用需求。例如，将纤维素溶解于氢氧化钠溶液中，浇铸于玻璃基板上，可制备高强度、高透明度的再生纤维素薄膜；将壳聚糖溶解于稀醋酸溶液中，浇铸于聚酯织物表面，可获得具有优异抗菌性和生物相容性的医用敷料；将大豆蛋白溶解于水溶液中，浇铸于不锈钢板上，可制备可完全生物降解的环保包装膜。

（三）溶液喷涂

溶液喷涂技术是一种利用高分子溶液的流动性与成膜性，通过喷枪将高分子溶液喷涂于基材表面，从而制备高分子薄膜的技术。其基本原理是将高分子溶解于适宜的溶剂中，形成均一稳定的高分子溶液，然后利用压缩空气将溶液雾化成细小液滴，喷涂到基材表面，溶剂挥发后在基材表面形成连续致密的高分子薄膜。

与其他溶液加工技术相比，溶液喷涂技术具有设备简单、操作方便、适用性强等优点。它不需要复杂昂贵的专用设备，常用的喷涂设备主要有喷枪、溶液罐、空压机等，价格低廉，使用维护也较为简便。同时，溶液喷涂对高分子材料的类型和溶剂种类并无特殊限制，各类天然与合成高分子均可采用该技术进行成膜，适用范围非常广泛。

溶液喷涂技术的关键在于高分子溶液性能和喷涂工艺参数的优化。首先，高分子溶液必须具备适宜的浓度和黏度，以保证其具有良好的雾化性能和成膜性能。溶液浓度过低，成膜速度慢，易产生针孔；浓度过高，黏度大，不易雾化，且成膜不均匀。因此，需要针对不同材料体系，优选最佳的溶液配方。其次，喷涂过程中的工艺参数如喷涂距离、雾化压力、液体流量等对成膜质量也有显著影响。喷涂距离太近，溶剂来不及充分挥发，薄膜表面粗糙不平；距离太远，雾滴干燥严重，不易聚合成膜。雾化压力太小，雾滴直径大，成膜表面不平整；压力太大，雾滴过于细小，溶剂挥发过快，薄膜易开裂。因此，需要通过系统的实验优化，获得适合所用材料体系的最佳工艺参数组合。

在实际应用中，溶液喷涂技术常被用于制备各类功能性薄膜，如防腐蚀涂层、绝缘涂层、光学薄膜等。例如，在金属防护领域，可将环氧树脂等溶于有机溶剂，喷涂到金属表面，形成致密的防腐涂层，大幅提升金属构件的使用寿命。在电子工业中，聚酰亚胺等高性能树脂可通过溶液喷涂制备绝缘保护膜，应用于集成电路的封装等。在光学薄膜制备领域，溶液喷涂技术可用于制备多层干涉膜、偏振片等光学元件。这些实例充分展现了溶液喷涂技术在现代工业中的广阔应用前景。

二、熔融加工技术

（一）熔融纺丝

熔融纺丝技术是一种利用高分子熔体流变性能与成纤性制备纤维材料的重要加工方法。与溶液纺丝相比，熔融纺丝无须使用溶剂，避免了溶剂回收和残留的问题，更加环保和经济。同时，熔融纺丝适用于大多数热塑性高分子材料，具有原料适用范围广的优势。

熔融纺丝的基本原理是将高分子材料加热至熔融状态，通过喷丝板上的细小孔眼挤出形成熔体细流，经冷却凝固后牵伸形成纤维。在这一过程中，高分子熔体的流变性能至关重要。熔体黏度、熔体强度和熔体弹性等参数直接影响纺丝过程的稳定性和成纤质量。黏度过低的熔体易发生断流，难以形成连续均匀的纤维；黏度过高则会增大挤出压力，影响产量和能耗。因此，高分子材料须具备合适的熔体流变性能，才能顺利进行熔融纺丝。

除流变性能外，高分子熔体还需具备优异的成纤性，即在变形和冷却过程中能形成取向结晶的有序结构。成纤过程中，高分子链在流动场的作用下伸展并取向排列，随后在应变和温度梯度的诱导下形成结晶区，最终得到力学性能优异的高取向纤维。分子量分布窄、结构规整的高分子材料往往具有良好的成纤性，有利于制备高模量高强度纤维。相比之下，结构不规则、支化较多的高分子熔体取向困难，难以形成高度结晶的纤维。

对于结晶型高分子，如聚酯、尼龙等，熔融纺丝过程中的热力学控制尤为关键。纺丝温度、冷却速率、牵伸倍率等工艺参数对纤维的微观结构和性能有显著影响。例如，聚对苯二甲酸乙二醇酯（PET）的熔融纺丝通常在 280～300℃进行，纺丝速度在 5000～8000m/min。快速冷却和高倍率牵伸使 PET 分子链高度取向并形成致密结晶区，赋予纤维优异的力学性能。若冷却速度过慢或牵伸倍率不足，则会导致分子链松弛，结晶度下降，纤维性能欠佳。

对于非晶型高分子，如聚丙烯腈（PAN）、聚乳酸等，成纤性主要取决于高分子链的刚性和缠结状态。刚性高、缠结少的高分子链更易在熔融纺丝过程中取向排列，形成力学性能优异的纤维。通过共聚改性或添加成核剂等方法，可显著提高此类高分子的成纤性。例如，在 PAN 中引入少量丙烯酸和丙烯酰胺基团，可降低分子链间作用力，提高熔体流动性，有利于高倍牵伸过程中的应力诱导取向结晶。

除常规的单组分纤维外，熔融纺丝技术还可用于制备复合纤维、多孔纤维等功能性纤维材料。通过熔体共混纺丝，可将不同性能的高分子组分复合，制备出力学、导电、阻燃等性能优异的复合纤维。采用特殊的纺丝组件和工艺，则可在纤维内部构建出多孔结构，制备高比表面积的多孔纤维，在吸附、分离、催化等领域有广阔应用前景。

（二）熔融挤出成型

熔融挤出成型技术是天然高分子材料加工中的重要方法之一。它利用高分子材料在加热条件下熔融后的流动性，通过挤出机中的螺杆旋转运动，将熔融态高分子材料从模具中连续挤出，经冷却定型后得到所需形状和尺寸的制品。这一过程中，高分子熔体经历了塑化、均化、计量、压送等一系列过程，最终在模具中成型并冷却定型。

熔融挤出成型的核心设备是挤出机。它主要由螺杆、机筒、加热装置、驱动装置、模具等部分组成。其中，螺杆是挤出机的关键部件，它的结构设计直接影响着高分子熔体的塑化质量和挤出效果。螺杆通常采用变螺距、变螺纹、多段式等特殊设计，以实现高分子熔体的优良塑化和混合。机筒为螺杆提供了运动空间，并配有加热装置，以使高分子材料受热熔融。驱动装置提供螺杆旋转所需的动力，保证挤出过程的连续性。模具则决定了制品的最终形状和尺寸，不同的模具可以生产出不同截面形状的挤出制品，如圆形制品、方形制品、异形制品等。

与传统的压制、注塑等成型方法相比，熔融挤出成型具有生产效率高、产品尺寸精度好、适用范围广等优点。通过合理的工艺参数设置，如挤出温度、螺杆转速、牵引速度等，可以优化成型过程，提高产品质量。此外，在挤出过程中添加填料、增塑剂、稳定剂等助剂，可以进一步改善天然高分子材料的加工性能和最终性能。

在实际应用中，熔融挤出成型技术被广泛用于生产各种天然高分子制品，如木塑复合材料、淀粉基材料、纤维素材料等。以木塑复合材料为例，将木粉、塑料和添加剂按照一定比例混合，经熔融挤出成型，可制备出兼具木材的天然质感和塑料的优良力学性能的环保型复合材料。这类材料在建筑装饰、园林景观、汽车内饰等领域有着广阔的应用前景。再如利用淀粉、纤维素等天然高分子，通过熔融挤出成型可制备出可降解材料，在包装、一次性餐具等领域具有良好的应用潜力，有望解决白色污染等环境问题。

随着人们环保意识的提高和可持续发展理念的深入，天然高分子材料凭借其可再生、可降解、无毒无害等优点，正受到越来越多的关注。而熔融挤出成型技术作为天然高分子材料加工应用中的关键，其技术创新与产业化推广对于推动天然高分子材料的规模化应用至关重要。通过对挤出设备的优化设计、加工工艺的优选、配方体系的合理构建等，不断提升熔融挤出成型技术水平，必将促进天然高分子材料在更广领域、更深层次上得到应用，为建设资源节约型、环境友好型社会贡献力量。

(三)熔融注塑成型

熔融注塑成型技术是一种将高分子材料加热熔融后，在高压作用下注入封闭模具中冷却定型，从而获得具有特定形状和尺寸的制品的加工方法。这一技术综合了材料的流变性能、模具设计与制造、注塑工艺参数控制等多方面知识，是现代高分子材料加工领域的关键技术之一。

天然高分子材料如淀粉、纤维素、壳聚糖等，具有来源广泛、价格低廉、可再生等优点，但由于分子链结构的特殊性，其熔融黏度较高，热稳定性较差，在熔融加工过程中易发生降解，给注塑成型带来了挑战。为了克服这些困难，研究者进行了大量的探索和创新。一方面，通过化学改性如接枝共聚、嵌段共聚等方法，调节天然高分子的熔体流动性和热稳定性，使其适应注塑工艺的要求；另一方面，优化注塑工艺参数如射胶温度、注射压力、保压时间等,最大限度地减少材料在加工过程中的损失。

以淀粉为例,通过与聚乙烯、聚丙烯等热塑性高分子共混,可以显著提高其熔体强度和韧性,改善加工性能。同时,在注塑过程中采用较低的熔体温度和适宜的注射压力,可以避免淀粉的热降解和机械降解。值得一提的是,为了赋予淀粉基注塑制品更优异的性能,研究者还开发了多种功能化助剂,如增塑剂、成核剂、偶联剂等。这些助剂的加入不仅改善了淀粉的流变性能,还提高了制品的力学性能、阻隔性能、抗老化性能等。

纤维素是自然界中含量最为丰富的天然高分子之一,其优异的力学性能和化学稳定性使其在注塑领域具有广阔的应用前景。然而,纤维素分子链间存在大量的氢键,导致其熔点高于降解温度,无法直接熔融加工。为此,研究者采用溶液法制备纤维素衍生物如醋酸纤维素,再经熔融注塑加工制备热塑性制品。同时,通过添加低熔点的增塑剂,可以有效降低纤维素衍生物的熔体黏度,改善其流动性。在注塑过程中,优化熔体温度、注射速度等参数,可获得尺寸精度高、表面质量好的制品。

壳聚糖是甲壳素的衍生物,具有良好的生物相容性和可降解性,在生物医用领域备受青睐。将壳聚糖与聚乳酸、聚己内酯等可降解高分子共混,可赋予注塑制品独特的力学性能和降解行为,满足组织工程支架、药物缓释载体等的应用需求。为了克服壳聚糖熔体强度低、流动性差的缺陷,可通过化学改性方法如接枝反应,提高其与共混材料的相容性。在注塑过程中,采用低温、高压的工艺参数,可最大限度地保留壳聚糖的结构特征。

三、固态加工技术

(一)拉伸取向

拉伸取向技术是一种通过外力作用使高分子材料分子链取向排列,从而提高其力学性能的加工方法。在天然高分子材料的加工中,拉伸取向技术发挥着重要作用,它能够显著改善材料的强度、模量、韧性等力学性能,扩大天然高分子材料的应用范围。

天然高分子材料的分子链通常呈现无规线团构象,各向同性,力学性能较差。

而拉伸取向技术能够使无规线团状的分子链沿拉伸方向伸展、取向排列,形成高度有序的结构。这种结构转变使得分子链间的作用力增强,链段运动受限,材料的刚性和强度得到提高。同时,取向排列的分子链能够更有效地传递外力,使材料的模量显著提升。

拉伸取向技术的实施需要考虑多个因素,如拉伸温度、拉伸速率、拉伸倍率等。通常,拉伸温度应高于材料的玻璃化转变温度,使分子链具有足够的运动能力。但温度过高会导致分子链断裂,引起材料性能下降。拉伸速率也需要适中,速率过低,取向效果不明显;速率过高,则容易产生应力集中,导致材料断裂。拉伸倍率直接影响取向度,倍率越大,分子链取向度越高,材料力学性能提升越显著。但过度拉伸会引起分子链滑移,产生永久变形,降低材料性能。

以纤维素为例,天然纤维素的力学性能较差,难以满足实际应用需求。而经过拉伸取向处理后,纤维素的结晶度和取向度明显提高,力学性能显著增强。研究表明,拉伸取向处理可使纤维素的杨氏模量提高 5～10 倍,强度提高 3～5 倍。这使得纤维素在高强度、轻质材料领域具有广阔的应用前景。

除了纤维素,拉伸取向技术还被广泛应用于其他天然高分子材料,如几丁质、木质素、蛋白质等。通过拉伸取向,这些材料的力学性能得到显著提升,在生物医学、药物缓释、组织工程等领域展现出巨大潜力。例如,经拉伸取向处理的几丁质纤维,其强度可达到钢材的 1/5,且具有良好的生物相容性,在骨组织修复方面有着广阔的应用前景。

拉伸取向技术虽然能够有效改善天然高分子材料的力学性能,但在实际应用中仍面临一些挑战。例如,天然高分子材料的来源和组成复杂多样,不同来源、不同批次的材料性能差异较大,拉伸取向工艺参数难以统一控制。此外,拉伸取向处理会在一定程度上破坏材料的内部结构,引起材料韧性下降。因此,如何在保持材料韧性的同时提高其强度和模量,是拉伸取向技术需要解决的问题之一。

(二)压缩成型

压缩成型技术是天然高分子材料固态加工的重要方法之一。该技术利用加热和压力的作用,使固态高分子材料发生塑性变形,最终固化成型。在这一过程中,高分子分子链在热能和机械力的驱动下重新取向排列,形成致密、均匀的内部结构,从而赋予材料优异的力学性能和使用性能。

天然高分子材料种类繁多,包括纤维素、淀粉、甲壳素、角蛋白等。这些材料普遍存在结晶度低、熔点高、热稳定性差等特点，给压缩成型加工带来了挑战。为了克服这些困难，研究者开发了多种压缩成型工艺，如热压成型、溶剂辅助压缩成型、反应性压缩成型等。通过优化工艺参数，如温度、压力、保压时间等，可以有效改善天然高分子材料的加工性能，获得性能优异的成型制品。

以纤维素为例，它是自然界中含量最丰富的天然高分子之一，广泛存在于木材、棉花、麻等植物中。然而，纤维素分子链间存在大量氢键，导致其结晶度高，熔点接近降解温度，难以通过常规熔融加工方法成型。针对这一问题，研究者采用热压成型技术，在一定压力下将纤维素加热至玻璃化转变温度以上，使其发生塑性流动，并在模具中冷却定型。通过调控压力、温度等参数，可以获得力学强度高、尺寸稳定性好的纤维素基复合材料。

除了单一的天然高分子材料，压缩成型技术还可应用于天然高分子基复合材料的制备。通过向天然高分子基体中引入增强相，如纳米纤维素、层状硅酸盐等，可以显著提高复合材料的力学性能和功能特性。在压缩成型过程中，基体与增强相之间发生物理缠结和化学键合，形成协同增强效应，使材料的综合性能得到显著提升。例如，将纳米纤维素引入淀粉基体制备而成的复合材料具有优异的拉伸强度和弹性模量，在包装、医疗等领域具有广阔应用前景。

压缩成型技术的优势在于工艺简单、成本低廉、适用范围广。通过合理设计模具和优化工艺参数，可以制备出形状复杂、性能优异的天然高分子基制品。同时，该技术还具有环境友好的特点，加工过程无须使用大量有机溶剂，符合可持续发展理念。随着天然高分子材料在替代石油基塑料方面的重要性日益凸显，压缩成型技术必将在推动生物基材料产业化方面发挥关键作用。

天然高分子材料的压缩成型技术经过多年的发展，已经取得了长足进步。但是，该技术在实际应用中仍然面临诸多挑战，如天然高分子的结构与性能复杂多变、制品性能与石油基塑料相比仍有差距、规模化生产成本较高等。未来，压缩成型技术的发展方向应着眼于深入理解天然高分子的结构－性能关系，开发高效、绿色的改性方法，优化成型工艺与设备，最终实现天然高分子材料在高性能领域的广泛应用。这不仅需要材料学家、加工工程师的共同努力，更离不开产学研各界的通力合作和政策的大力支持。

（三）烧结成型

烧结成型技术是一种重要的天然高分子材料固态加工方法。与溶液加工和熔融加工不同，烧结成型利用高分子粉末在熔点以下、压力作用下发生黏结，从而获得具有一定形状和力学性能的制品。这一过程涉及粉体颗粒间的物理接触、塑性变形、界面扩散等复杂机制，需要精确控制温度、压力、时间等工艺参数，以获得理想的材料性能。

烧结成型技术的核心是利用高分子粉末的热塑性和可压缩性。当加热到一定温度时，高分子链段获得足够的热能，开始发生微观运动和重排。在外加压力的作用下，粉末颗粒变形，接触面积增大，界面间发生物质迁移和扩散，最终形成致密的固体材料。温度是影响烧结过程的关键因素，一般选择高分子材料的玻璃化转变温度或比结晶熔点稍低的温度范围。这样既能提供足够的链段运动能量，又能避免材料发生熔融流动而失去形状。

压力的施加可以显著促进高分子粉末的烧结致密化。在压力作用下，粉末颗粒受到挤压变形，接触面积不断增大，有利于界面间的热传导和物质扩散。同时，压力还能克服粉体颗粒间的空隙，使得烧结体的孔隙度降低，密度提高。烧结压力的大小需要根据高分子材料的性质和粉末形貌等因素合理设定，既要足以促进致密化，又要避免过大的变形而影响制品精度。

烧结时间也是影响材料性能的重要工艺参数。延长保温时间有助于界面间扩散的进行，提高烧结体的致密度和力学强度。但过长的烧结时间会导致粉末颗粒过度长大，晶粒粗化，反而恶化材料性能。因此，需要针对不同的高分子体系，优化烧结时间，在获得良好致密化的同时，兼顾晶粒尺寸和组织均匀性。

为了获得性能优异的天然高分子烧结制品，除了优化温度、压力、时间等工艺参数外，还需要重视粉末预处理和模具设计等环节。粉末预处理如干燥、筛分、造粒等，可以改善粉体的流动性和可压缩性，有利于获得均匀致密的烧结体。而合理的模具设计，如脱模角度、表面粗糙度控制等，则有助于制品的成型和脱模，提高生产效率和良品率。

四、复合加工技术

（一）共混改性

共混改性技术是将两种或多种高分子材料共混，以实现优势互补、提升性能的一种重要改性策略。相比于单一高分子材料，共混改性能够赋予材料更加优异的力学性能、热性能、阻隔性能等，拓宽了天然高分子材料的应用领域。

共混改性的基本原理在于利用不同高分子之间的物理或化学相容性，通过熔融共混或溶液共混等方法，使两种或多种高分子在分子或相区尺度上实现均匀混合。在此过程中，高分子之间会形成特殊的相互作用，如氢键、偶极－偶极作用、π－π 堆叠等，从而影响共混体系的微观结构和宏观性能。通过调控共混组分的种类、比例以及加工工艺，可以精准调控材料的性能，获得理想的改性效果。

就天然高分子材料而言，常见的共混改性体系包括纤维素/淀粉、纤维素/蛋白质、淀粉/聚乳酸等。以纤维素/淀粉共混体系为例，纤维素具有优异的力学性能和热稳定性，而淀粉则具有良好的生物降解性和成型加工性，将二者共混，可以在保留各自优点的同时，弥补单一组分的不足。研究表明，纤维素/淀粉共混材料的力学强度和模量显著提高，同时保持了良好的热稳定性和生物降解性，在包装、农业、医药等领域展现出广阔的应用前景。

除了改善材料性能外，共混改性还能够赋予天然高分子材料新颖的功能特性。例如，通过在天然橡胶中引入导电高分子如聚吡咯、聚苯胺等，可以制备出导电性和力学性能兼备的功能化天然橡胶材料，在柔性电子、智能可穿戴设备等方面具有独特优势。又如，将天然高分子与无机纳米材料进行共混改性，可以获得力学、阻隔、抗菌等多功能一体化的复合材料，拓展了天然高分子材料在高端领域的应用空间。

共混改性并非简单的物理混合，其改性效果的发挥依赖于高分子组分之间的相容性和界面作用。因此，如何调控共混体系的相容性、界面结构和性能，是共混改性技术中的关键科学问题。针对这一问题，研究者开发了多种增容策略，如添加相容剂、接枝共聚、动态硫化等，以改善高分子组分的相容性，强化界面黏结，从而获得高性能的共混材料。此外，共混加工工艺的优化也是影响改性效果的重要因素。通过合理设计加工工艺参数，控制共混过程中高分子熔体的流变行为和形态演变，可以精细调控共混材料的微观结构，进而优化其宏观性能。

（二）共聚改性

共聚改性技术是一种通过共聚反应将不同单体引入高分子主链，从而调控材料性能的重要方法。与均聚物相比，共聚物具有更加丰富多样的结构和性能，能够满足不同应用领域的需求。在天然高分子材料的改性中，共聚改性技术扮演着至关重要的角色。

天然高分子材料如纤维素、淀粉、甲壳素等，虽然具有优异的生物相容性和环境友好性，但其力学性能、热稳定性、加工性能等往往难以满足实际应用要求。通过共聚改性，可以在保留天然高分子材料固有优点的同时，针对性地改善其缺陷，拓宽其应用范围。例如，将疏水性单体引入亲水性纤维素分子链，可以提高其耐水性和尺寸稳定性；将刚性单体引入柔性淀粉分子链，可以增强其力学强度和模量。

共聚改性的方式多种多样，可以根据不同的改性目标和天然高分子类型进行灵活选择。接枝共聚是一种常用的共聚改性方法，即在天然高分子主链上引入侧链，形成接枝共聚物。通过调节侧链的种类、长度和接枝密度，可以精细调控材料的物理化学性质。例如，在纤维素上接枝聚合物丙烯酸酯，可以显著提高其疏水性和耐溶剂性；在壳聚糖上接枝聚乙二醇，可以改善其水溶性和生物相容性。

嵌段共聚也是一种有效的共聚改性策略，即将两种或多种不同性质的均聚物链段连接形成嵌段共聚物。通过调节各链段的种类、比例和序列，可以实现材料性能的精细调控。例如，将亲水性纤维素链段与疏水性聚酯链段共聚，可以制备两亲性嵌段共聚物，兼具优异的力学性能和自组装特性；将刚性的芳香族聚酰胺链段引入柔性的脂肪族聚酰胺链段，可以获得高强度、高韧性的超高分子量聚酰胺纤维。

除接枝共聚和嵌段共聚外，还可以通过无规共聚、交联共聚等多种方式实现天然高分子材料的改性。无规共聚是指将不同单体随机共聚形成统计共聚物，可以在分子水平上实现不同组分的均匀分布，调节材料的结晶性、相容性等；交联共聚则是在共聚过程中引入交联剂，形成三维网络结构，可以显著提高材料的力学性能、热稳定性和溶剂耐受性。

共聚改性技术的应用极大地拓宽了天然高分子材料的应用领域，通过共聚改性，可以制备出高性能的天然高分子基复合材料，如纤维素纳米纤维增强聚合物复合材料、淀粉基全生物降解塑料等，在包装、医疗、农业等领域具有广阔的应用前景。此外，共聚改性还可以赋予天然高分子材料新颖的功能特性，如刺激响应性、自修复性、药物可控释放性等，为智能材料和生物医用材料的发展提供了新的思路和方法。

（三）填料增强

在天然高分子材料的加工改性中，填料增强技术是一种行之有效的方法。通过向高分子基体中填充无机或有机填料，可以显著提高材料的力学性能，扩大其应用范围。这一技术的基本原理在于填料与基体之间的界面相互作用、填料颗粒在基体中的分散状态，以及填料自身的特性。

1. 填料与基体的界面相互作用是填料增强效果的关键因素之一

良好的界面黏结可以有效传递外力，使填料发挥增强作用。为了改善界面黏结状况，常采用偶联剂对填料表面进行改性，提高其与基体的相容性。例如，使用硅烷偶联剂处理玻璃纤维，可以显著提高其在聚合物基体中的分散性和界面黏结强度，从而提高复合材料的力学性能。

2. 填料在基体中的分散状态直接影响着增强效果

理想情况下，填料应均匀分散在基体中，避免出现团聚现象。填料的粒径、形貌、表面特性等都会影响其分散性。例如，纳米级填料由于比表面积大，在基体中更易团聚。因此，需要采用适当的分散技术，如超声分散、高剪切混合等，以获得均匀的填料分散。

3. 填料自身的特性，如粒径、形貌、堆积密度等是影响增强效果的重要因素

纳米级填料具有独特的表面效应和量子效应，能够明显提高材料的力学性能和功能性。例如，将碳纳米管填充到聚合物基体中，可以同时提高材料的强度、模量和导电性。此外，填料的形貌也值得关注。相比于颗粒状填料，纤维状或片状填料在基体中往往具有更高的取向度，能够更有效地承受和传递外力。

第四章　天然高分子材料的应用

第一节　天然高分子材料在生物医学领域的应用

一、天然高分子材料在药物载体领域的应用

（一）作为药物载体的优势

1. 生物相容性好

生物相容性是指材料与生物体接触时，不会引起炎症、血栓形成等不良反应，能够与机体组织和谐共处的一种概念。天然高分子材料源自生物体，其化学组成和结构与机体组织类似，如多糖类材料中的壳聚糖、透明质酸等，蛋白质类材料中的胶原蛋白、明胶等，均表现出良好的生物相容性。当这些材料被用于构建药物载体时，能够最大限度地减少载体材料对机体的干扰，提高药物制剂的安全性。

2. 可降解性

与合成高分子材料相比，天然高分子材料在体内能够被酶或其他生理物质降解，降解产物可被机体代谢、吸收或排出体外，避免了材料在体内长期滞留引起的毒副作用。可降解性使得天然高分子材料成为药物缓释和控释系统的理想载体，通过调控材料的降解速率，可实现药物在特定时间、特定部位的精准释放，提高药物利用率，减少给药频次。此外，可降解性还赋予了天然高分子材料特殊的响应性，如对 pH 值、温度等环境条件的敏感性，为智能化药物传递系统的构建提供了可能。

3. 毒性低

由于天然高分子材料大多来源于生物体，其生物相容性良好，对机体的毒性反应小。相比之下，许多合成高分子材料虽然也具有可降解性，但降解产物可能

引起炎症、坏死等毒性反应，限制了其在药物载体领域的应用。而天然高分子材料在体内降解过程中产生的寡糖、氨基酸等小分子，能够被机体正常代谢，毒性低，安全性高。低毒性特点使得天然高分子材料在药物传递领域备受青睐，尤其在口服给药系统、注射给药系统等对载体材料安全性要求较高的领域具有广泛的应用前景。

(二)口服给药系统应用

天然高分子材料在口服给药系统中的应用日益广泛，这得益于其独特的 pH 响应性和酶敏感性。这些特性使天然高分子材料能够实现药物在特定部位的可控释放，提高药物利用率，减少毒副作用。与传统的口服给药系统相比，基于天然高分子材料构建的智能响应型给药系统展现出巨大的优势和广阔的应用前景。

从材料学角度来看，天然高分子材料的 pH 响应性源于其分子结构中含有大量的酸性或碱性基团，如羧基、氨基等。这些基团能够根据环境 pH 值的变化发生电离或质子化，导致高分子链构象发生相应改变，进而引发材料的溶胀或收缩。利用这一特性，研究者可以设计出能够在特定 pH 值条件下释放药物的口服给药系统。例如，将药物封装在壳聚糖纳米粒中，当其处于胃液的强酸性环境时，壳聚糖因质子化而保持稳定，药物不会释放；而当其进入肠道的弱碱性环境后，壳聚糖脱质子化，发生溶胀并释放药物。这种 pH 响应性给药策略能够避免药物在胃中降解，提高口服药物的生物利用度。

与 pH 响应性相比，天然高分子材料的酶敏感性在口服给药领域的应用更加广泛。人体内存在多种消化酶，如胃蛋白酶、胰蛋白酶等，它们能够特异性地识别和水解天然高分子材料中的特定化学键。基于这一原理，研究者可以通过调控药物载体的化学结构，使其在特定酶的作用下降解，从而实现药物的定点释放。典型的例子是将药物封装在淀粉或甲壳素等多糖类材料中，口服后在 α－淀粉酶或几丁质酶的作用下降解，药物随之缓释。与 pH 响应性系统相比，酶响应性给药策略能够实现更精准的给药控制，尤其适用于结肠定位给药。

除了单一的 pH 响应性或酶敏感性之外，将两种响应机制相结合构建双重响应型给药系统也是当前研究的热点。这类系统集成了天然高分子材料的多重优势，能够实现分阶段、可控的药物释放。例如，将药物封装在壳聚糖－海藻酸钠复合水凝胶微球中，口服后壳聚糖－海藻酸钠复合水凝胶微球先在胃酸环境中保持稳定，进入小肠后壳聚糖溶胀，药物初步释放；进入结肠后在结肠细菌分泌的几丁质酶作用下彻底降解,药物完全释放。这种多级响应放缓了药物释放速率,有利于维持稳定的血药浓度,改善药物的吸收和利用。

天然高分子材料在口服给药系统中的应用还有很多优势。首先,天然高分子材料来源广泛,价格低廉,如壳聚糖、海藻酸钠等都可从自然界直接提取,具有显著的成本优势。其次,天然高分子材料大多具有良好的生物相容性和生物降解性,在体内代谢过程中最终产物为二氧化碳和水,不会引起毒副作用,安全性高。此外,天然高分子材料的化学结构中含有大量活性基团,可进行多样化的化学修饰,从而调控其理化性质和生物学功能,为口服给药系统的设计提供了广阔的空间。

(三)注射给药系统应用

天然高分子材料在注射给药系统中的应用日益广泛,其独特的自组装特性为纳米药物载体的制备提供了新的思路和方法。与传统的注射给药方式相比,利用天然高分子材料构建的纳米药物载体具有靶向性强、生物相容性好、载药量高等优势,能够显著提高药物的生物利用度和治疗效果。

1.壳聚糖

壳聚糖是一种来源广泛、生物相容性良好的天然高分子材料,具有优异的自组装性能。研究发现,壳聚糖分子链上存在大量的氨基和羟基,能够通过分子内和分子间氢键作用形成有序的超分子结构。利用这一特性,研究人员成功制备了壳聚糖纳米微球、纳米纤维、纳米胶束等多种药物载体。这些载体不仅能够有效包封和保护药物分子,还能实现药物的可控释放。例如,将疏水性抗肿瘤药物阿霉素负载于壳聚糖纳米微球中,可显著提高药物的溶解度和稳定性,延长其在体内循环时间,从而增强药物的靶向性和抗肿瘤效果。

2.透明质酸

透明质酸是存在于人体组织中的一种天然多糖,因其优异的生物相容性和生物降解性而备受关注。透明质酸分子链上含有大量的羧基和羟基,能够通过静电作用和疏水作用实现自组装。研究人员利用透明质酸的自组装特性,制备了一系列用于药物传递的纳米载体,如纳米凝胶、纳米囊泡等。这些载体不仅能够延长药物在体内的滞留时间,还能够响应特定的环境刺激,如酸碱性、温度、酶等,实现药物的智能释放。

3. 甲壳素

甲壳素也是一种来源丰富的天然高分子材料，具有良好的生物相容性和可降解性。甲壳素分子链上含有大量的乙酰氨基，能够通过分子间氢键作用自组装形成纳米纤维和水凝胶等结构。利用甲壳素的自组装特性，研究人员构建了多种用于药物递送的纳米载体，如纳米颗粒、纳米胶囊等。这些载体不仅能够提高药物的稳定性和生物利用度，还能实现药物的定点释放和缓控释放。例如，将抗生素万古霉素负载于甲壳素纳米颗粒中，可显著提高药物的溶解度和渗透性，同时减少药物的副作用，在治疗难治性细菌感染方面展现出良好的应用前景。

充分利用天然高分子材料的自组装特性，构建多功能、智能化的纳米药物载体，是实现药物可控释放、提高治疗效果的重要策略。通过精准调控天然高分子材料的自组装行为，可赋予药物载体多重响应性和环境敏感性，实现药物在特定部位、特定时间的释放。同时，利用天然高分子材料的化学修饰和复合改性，还可进一步优化载体的理化性质和生物学功能，拓展其在药物递送领域的应用范围。

二、天然高分子材料在组织工程领域的应用

（一）作为细胞外基质支架材料

天然高分子材料作为细胞外基质支架材料，在组织工程领域具有广阔的应用前景。细胞外基质是细胞赖以生存和发挥功能的微环境，不仅为细胞提供结构支持，还通过生物化学和物理信号调控细胞的增殖、分化和迁移等行为。理想的细胞外基质支架材料应具备良好的生物相容性、可降解性、多孔性和表面活性，而天然高分子材料恰好满足了这些要求。

胶原蛋白是细胞外基质的主要成分之一，也是最早被用于组织工程支架的天然高分子材料。胶原具有优异的生物相容性，能够支持多种细胞的黏附和增殖。同时，胶原在体内可被酶降解，降解产物无毒无害，不会引起炎症反应。研究者利用胶原制备了多种组织工程支架，如骨修复支架、皮肤替代物等，取得了良好的组织修复效果。然而，胶原的机械强度较低，限制了其在承重组织修复中的应用。

壳聚糖是甲壳素脱乙酰化后得到的产物，具有良好的生物相容性、可降解性和抗菌性。壳聚糖分子链含有大量氨基和羟基，易于化学修饰，可引入特定的功能基团。研究表明，壳聚糖支架能够促进成骨细胞的增殖和分化，在骨组织工程

中显示出良好的应用潜力。此外，壳聚糖还被用于制备软骨、神经等组织的再生支架。但壳聚糖的机械强度和韧性有待进一步提高。

透明质酸是细胞外基质的重要组成成分，在组织水合、营养物质运输和信号传导等方面发挥关键作用。透明质酸具有优异的保水性和生物相容性，能够为细胞提供理想的生长微环境。研究者利用透明质酸制备了多种组织工程支架，如软骨修复支架、皮肤填充材料等。透明质酸支架能够有效促进细胞外基质的再生，加速组织损伤修复。然而，天然透明质酸的降解速率较快，机械强度较低，在支架设计时需进行适当改性。

纤维蛋白是一种天然的止血蛋白，具有良好的生物相容性和黏附特性。纤维蛋白凝胶能够模拟细胞外基质的三维结构，为细胞提供理想的生长和分化环境。研究表明，纤维蛋白支架能够促进血管再生，在心血管组织工程中具有广阔的应用前景。此外，纤维蛋白还被用于制备皮肤、神经等组织的再生支架。但纤维蛋白的力学性能相对较差，在体内的降解速率较快，需要进一步改性优化。

海藻酸盐是从褐藻中提取的天然多糖，具有良好的生物相容性、可降解性和成凝胶能力。海藻酸盐水凝胶能够模拟细胞外基质的三维微环境，为细胞提供生长、增殖所需的空间和营养。研究者利用海藻酸盐制备了多种组织工程支架，如软骨修复支架、药物缓释载体等，展现出良好的应用潜力。然而，海藻酸盐凝胶的机械强度较低，细胞黏附性差，在支架设计时需进行表面修饰和复合改性。

(二)组织修复与再生应用

天然高分子材料在组织修复与再生中的应用，是生物医学领域的重要研究方向之一。天然高分子材料因其良好的生物相容性、可降解性以及与天然组织相似的结构特征，在促进组织缺损修复方面展现出独特优势。

组织工程是利用生物材料结合细胞培养技术，构建类似天然组织的替代物，以修复或重建受损组织和器官功能的新兴交叉学科。天然高分子材料如胶原蛋白、透明质酸、甲壳素等，由于其与细胞外基质成分相似，能够为细胞提供接触、黏附和增殖的微环境，成为组织工程支架材料的理想选择。例如，胶原蛋白是哺乳动物细胞外基质的主要成分，具有良好的生物相容性和低免疫原性。将胶原蛋白制备成多孔支架，可用于修复骨、软骨、皮肤等多种组织缺损。同时，胶原蛋白能够通过与细胞表面特异性受体结合，传递信号，引导细胞迁移、分化和组织重塑。

透明质酸是细胞外基质中含量丰富的多糖类物质，在调控细胞行为和维持组织稳态中发挥着关键作用。利用透明质酸的可降解性和生物活性,可制备具有组织诱导性的水凝胶支架。研究表明,透明质酸水凝胶能够促进软骨细胞的增殖和基质合成,在软骨组织工程中具有广阔应用前景。此外,透明质酸还可作为药物递送载体,实现生物活性因子的可控释放,进一步增强支架的组织修复能力。

来源于海洋生物的天然高分子材料如甲壳素、藻酸盐等,也因其独特的生物学性能和可再生性,在组织工程中受到广泛关注。甲壳素是甲壳类动物外骨骼的主要成分,具有优异的生物相容性、可降解性和抗菌性。将甲壳素制备成纳米纤维支架,可有效促进皮肤、神经等组织的再生修复。藻酸盐则可通过离子交联形成水凝胶,模拟细胞外基质的三维结构,为细胞提供生长和分化的空间支持。藻酸盐水凝胶已成功应用于心肌、血管等组织工程构建中。

三、天然高分子材料在医疗器械与生物传感器中的应用

(一)在植入式医疗器械中的应用

在生物医学工程领域,植入式医疗器械发挥着至关重要的作用。它们能够替代或修复受损的生物组织,改善患者的生活质量,挽救患者的生命。然而,植入物与宿主组织之间的相容性问题一直是困扰医疗器械研发和临床应用的重大挑战。生物相容性不佳会引发机体对植入物的排斥反应,导致炎症、感染等并发症,严重威胁患者的健康和生命安全。因此,如何提高植入式医疗器械的生物相容性,降低排斥反应风险,已成为该领域亟待攻克的关键科学问题。

天然高分子材料以其独特的生物学特性和优异的物理化学性能,为解决医疗器械的生物相容性难题提供了新的思路和途径。与传统的合成材料相比,天然高分子材料具有更好的生物相容性、生物功能性和生物降解性。它们与人体组织和细胞具有天然的亲和力,能够模拟细胞外基质的结构和功能,诱导组织再生与修复。同时,天然高分子材料在体内能够被代谢和降解,降解产物无毒无害,不会引起炎症反应,避免了植入物长期存留带来的安全隐患。这些优异特性使得天然高分子材料成为植入式医疗器械的理想材料。

目前,多种天然高分子材料已被成功应用于植入式医疗器械的设计和制备。其中,壳聚糖因其良好的生物相容性、生物可降解性和抗菌性能而备受关注。研究表明,以壳聚糖为基材制备的植入物能够显著降低宿主组织的炎症反应,促进组织再生和血管化。同时,壳聚糖还具有独特的药物缓释特性,可作为药物载体,

实现药物的可控释放，提高植入物的抗感染能力。除壳聚糖外，明胶、透明质酸、纤维蛋白等天然高分子材料也展现出良好的生物相容性和组织修复能力，在骨科、心内科、眼科等植入式医疗器械中得到广泛应用。

（二）在生物传感器中的应用

天然高分子材料在生物传感器中的应用已成为生物医学领域的研究热点。生物传感器是一种能够将生物分子识别信号转化为可测量物理信号的分析装置，在疾病诊断、药物筛选、食品安全监测等方面具有广阔的应用前景。然而，传统的生物传感器在灵敏度、选择性和稳定性方面仍存在局限。天然高分子材料独特的生物相容性、化学修饰性和结构可设计性，为解决这些问题提供了新的思路和方法。

纤维素是自然界中含量最为丰富的天然高分子材料之一，具有优异的生物相容性和化学稳定性。研究人员利用纤维素的化学修饰性，通过接枝官能团，引入特异性识别基团，制备了一系列高灵敏度、高选择性的酶传感器和免疫传感器。例如，将氧化石墨烯与纤维素复合，可显著提高葡萄糖氧化酶的负载量和电子传递速率，制备出灵敏度高达 1.02 mA · mM－1 · cm^{-2} 的葡萄糖传感器。此外，壳聚糖因其独特的生物活性和 pH 响应性，在药物传递和基因检测方面展现出巨大潜力。将壳聚糖纳米颗粒与适配体偶联，可实现对特定肿瘤标志物的靶向识别和定量检测，为早期癌症诊断提供新的手段。

除了作为功能基元外，天然高分子材料还可直接用于构建生物传感器的支撑基质和传感界面。海藻酸钠具有良好的生物相容性和可加工性，可通过简单的离子交联形成水凝胶，为酶和抗体分子提供类似于天然细胞外基质的微环境，维持其生物活性。基于海藻酸钙水凝胶的葡萄糖传感器不仅具有优异的灵敏度和稳定性，还可实现连续、动态的体内监测，在糖尿病诊疗中展现出诱人的应用前景。蚕丝蛋白因其独特的二级结构和自组装特性，被广泛用于构建仿生界面和纳米结构探针。通过调控蚕丝蛋白的结晶度和取向，可精细调控界面的亲/疏水性和电荷分布，从而显著提高传感器的抗干扰能力和长期稳定性。

四、天然高分子材料在生物成像与诊断中的应用

（一）分子成像探针应用

天然高分子材料在分子成像探针领域的应用前景广阔，其独特的靶向性和生

物相容性为提高成像探针的特异性提供了新的思路和策略。作为一类来源广泛、结构多样的生物大分子，天然高分子材料具有优异的生物学特性，如生物相容性好、低毒副作用、可降解等，与人体组织和细胞具有天然的亲和力。同时，天然高分子材料的化学结构中含有大量的活性官能团，如羟基、氨基、羧基等，便于进行化学修饰和功能化，可以引入各种特异性识别基团和成像基团，从而赋予其独特的靶向性和成像功能。

在分子成像探针的设计中，天然高分子材料可以作为载体，将成像基团和靶向配体进行偶联，构建多功能分子成像探针。例如，利用壳聚糖优异的生物相容性和可修饰性，通过化学偶联将荧光基团和靶向配体引入壳聚糖分子，制备靶向性荧光成像探针，实现对特定病变组织或细胞的特异性成像。又如，以透明质酸为载体，通过共价连接或物理包埋方式负载磁共振成像造影剂，制备靶向性磁共振成像探针，在磁共振成像引导下实现对病灶的精准诊断和治疗监测。

天然高分子材料优异的生物相容性和降解性，可以显著提高分子成像探针的生物安全性，降低毒副作用。与传统的合成高分子材料和无机纳米材料相比，天然高分子材料来源于生物体，具有天然的生物相容性，可以有效避免材料在体内聚集引起的炎症反应和免疫排斥反应。同时，天然高分子材料在体内可以被酶解和代谢，最终实现完全降解和产物清除，大大降低了材料在体内蓄积引起的长期毒性风险。

天然高分子材料多样的化学结构和物理化学性质，为构建智能响应型分子成像探针提供了新的机会。例如，利用透明质酸对肿瘤组织弱酸性微环境的敏感性，构建 pH 响应型分子成像探针，实现对肿瘤组织的特异性成像和实时诊断。又如利用明胶的温度敏感性，制备温度响应型磁共振成像探针，实现肿瘤热疗过程的实时监测和疗效评估。

(二)诊断试剂应用

天然高分子材料在诊断试剂中的应用日益广泛，成为现代生物医学领域的研究热点。利用天然高分子材料独特的生物学功能，可以开发出灵敏度高、特异性强的诊断试剂，为疾病的早期诊断和精准治疗提供有力支撑。

天然高分子材料具有优异的生物相容性和生物可降解性，可以与生物体产生特异性识别和结合，是构建高性能诊断试剂的理想材料。例如，以壳聚糖、纤维素等天然多糖为原料制备的纳米材料，具有比表面积大、反应活性高的特点，可用于高灵敏度检测多种生物标志物。将核酸适配体与壳聚糖纳米材料复合，可构建出对癌症标志物具有高度特异性识别能力的诊断试剂，其灵敏度可达 fM 级别。此外，以 DNA、RNA 等核酸分子为原料设计的核酸适配体，可与靶标分子形成稳定的三维结构，是开发核酸适配体传感器的理想材料。通过筛选与特定疾病标志物特异性结合的适配体序列，可构建出灵敏度和特异性兼备的核酸适配体传感器，在癌症、传染病等疾病的早期诊断中展现出巨大应用潜力。

除了用于提高诊断试剂的灵敏度和特异性外，天然高分子材料还可赋予诊断试剂独特的信号转导和放大功能，进一步提升检测性能。例如，以发夹型 DNA 分子为原料构建的 DNA 酶，可在特定生物标志物存在时发生构型变化并催化底物分子，产生可定量检测的光学或电化学信号。将 DNA 酶与金属纳米材料复合，可进一步放大检测信号，使检测灵敏度提高数个数量级。又如以核酸分子为支架构建的 DNA 纳米机器，可在特定刺激下发生可控的构型变化和运动，将分子识别事件转化为宏观可检测信号，在单分子检测、生物成像等领域具有诱人的应用前景。

天然高分子材料在诊断试剂中的应用有利于实现便携、快速、低成本检测，推动诊断技术的下沉和普及。以纸基材料为基底构建的微流控芯片，利用毛细管力驱动样品和试剂流动，无须额外的驱动装置，可实现快速、便携的现场检测。将天然高分子材料与纸基微流控芯片结合，可赋予芯片独特的生物学功能，如特异性捕获、分子识别等，进一步提高检测的灵敏度和特异性。这类集成化、小型化的纸基诊断芯片具有成本低、操作简单的优点，有望在基层医疗、家庭自检等场景中得到广泛应用。

第二节　天然高分子材料在纺织与服装领域的应用

一、天然高分子材料在纺织纤维制备中的应用

(一)纤维素材料在纺织纤维制备中的应用

天然纤维素作为一种可再生、环保、具有优良力学性能的天然高分子材料，在纺织纤维制备中具有广阔的应用前景。棉、麻、竹、莱赛尔等天然纤维素材料凭借其独特的性能优势，成为纺织工业的重要原料来源。

1.棉纤维

棉纤维具有吸湿性好、透气性强、手感柔软等特点，是最为常用的天然纤维素纺织原料。棉纤维的结晶区呈现出密集有序的排列，非结晶区则呈现出疏松无序的状态，这种结构特性赋予了棉纤维优异的吸湿性能。同时，棉纤维中存在大量的羟基，可以与染料分子形成氢键，使得棉织物具有良好的可染性。在纺织过程中，棉纤维可以被加工成各种形态的纱线和织物，满足不同服装和家纺产品的需求。

2.麻纤维

麻纤维是取自麻类植物茎干的韧皮纤维，具有高强度、高模量、导湿快等优点。亚麻纤维的比强度和比模量甚至超过了玻璃纤维，在复合材料领域有着广泛的应用。麻纤维具有优异的热传导性和吸湿放湿性，织成的麻织物清凉透气，是夏季服装面料的理想选择。此外，麻纤维还具有抑菌抗紫外线的特性，可用于医疗纺织品和户外服装的开发。

3.竹纤维

竹纤维是一种天然的再生纤维素纤维，是以竹子为原料，经过化学加工制成的纤维素纤维。竹纤维具有柔软、光滑、吸湿透气、抑菌防臭等特点，制成的竹织物手感舒适，对皮肤无刺激，是婴幼儿服装和贴身衣物的优质面料。同时，竹纤维还具有优异的生物降解性，在土壤中可以自然降解，不会对环境造成污染。竹纤维的开发利用，促进了竹子等丰富的可再生资源高值化、多元化利用。

4.莱赛尔纤维

莱赛尔纤维是以木浆为原料，经过溶解、纺丝制成的再生纤维素纤维。莱赛尔纤维兼具棉、麻、粘胶纤维的优点，强度高、吸湿性好、染色性优异，是理想的天然纤维替代品。莱赛尔纤维的干、湿态强度均高于粘胶纤维，织物易护理，长期使用不易变形。作为一种环保型再生纤维，莱赛尔纤维在生产过程中90%以上的有机溶剂可循环利用，生产流程封闭，基本无废水排放，对环境影响小。

(二)蛋白质材料在纺织纤维制备中的应用

天然蛋白质作为一类重要的生物大分子材料,在纺织纤维制备领域发挥着不可替代的作用。蚕丝和羊毛是两种最具代表性的天然蛋白质纤维,其优异的性能特点和广泛的应用价值,为纺织行业提供了丰富的原料来源和产品形态。

蚕丝是由家蚕吐出的丝素蛋白经过加工而成的纤维。这种珍贵的天然材料具有独特的分子结构和性能优势。从化学组成上看,蚕丝主要由甘氨酸、丙氨酸、丝氨酸等氨基酸构成,形成了规整的β一折叠结构,使得蚕丝纤维具有高强度、高韧性和良好的延展性。同时,蚕丝纤维的表面光滑,手感柔软,富有光泽,是制备高档丝织品的上乘材料。除了服用性能优异之外,蚕丝纤维还具有优良的生物相容性和透气性,是医用纺织品和功能性面料的理想选择。

与蚕丝不同,羊毛纤维主要来源于绵羊毛发。作为一种角蛋白纤维,羊毛的化学结构与人体皮肤和毛发极为相似,具有良好的亲肤性和生理适应性。羊毛纤维表面覆盖有大量细小的鳞片,形成独特的缠绕结构,赋予了羊毛卓越的保暖性能。同时,羊毛纤维中含有丰富的氨基酸和天然脂质,使其具备优异的吸湿性和弹性恢复性。这些特点使羊毛织物穿着舒适,不易变形,成为秋冬季服装面料的首选。除此之外,羊毛纤维还具有良好的染色性和可塑性,可用于生产高品质的地毯、毛毡等多种纺织制品。

从纤维形态角度来看,蚕丝和羊毛虽然同属蛋白质纤维,但在微观结构上存在显著差异。蚕丝纤维呈现出光滑均匀的长丝状,直径在10～20微米,纤维间平行排列,具有较高的取向度。这种形态特点使蚕丝织物具有柔软滑爽的质地和垂悬飘逸的外观。而羊毛纤维则呈现出鳞片状的短纤维形态,直径在20～40微米,纤维间呈现出随机取向,形成蓬松多孔的结构。这种结构特点赋予了羊毛织物良好的保暖性和回弹性。

尽管蚕丝和羊毛在形态结构上存在差异,但二者在纤维性能上却有诸多相似之处。它们都具有优异的吸湿性和透气性,能够有效调节人体微环境,维持皮肤的舒适度。同时,蚕丝和羊毛纤维还具有出色的染色性能,可以被染成各种鲜艳丰富的色彩,满足消费者的审美需求。此外,这两种天然蛋白质纤维还展现出良好的抗菌性和抗紫外线性,有利于保护皮肤健康,提升纺织品的使用寿命。

在纺织纤维的制备过程中,蚕丝和羊毛原料需要经过一系列精细的加工处理。首先是纤维的分梳和净化,在这一环节去除杂质和短纤维,提高纤维的纯度和均匀度。随后是纤维的物理改性，如拉伸、定型等，改善纤维的力学性能和形态稳定性。在后续的纺纱环节中，蚕丝和羊毛纤维又展现出不同的特点。蚕丝纤维多采用细旦纺纱，纱线细而均匀，适合制备轻薄柔软的高支织物；而羊毛纤维则多采用粗纺或半精纺，纱线蓬松厚实，更适合制备保暖耐磨的粗纺呢绒。

（三）其他天然高分子材料在纺织新材料开发中的应用

除了棉、麻、丝、毛等常见天然高分子材料外，甲壳素、藻酸盐等新型天然高分子在纺织纤维制备中也展现出广阔的应用前景。甲壳素是自然界中含量最丰富度仅次于纤维素的天然高分子，广泛存在于虾、蟹等甲壳动物的外骨骼中。其独特的化学结构赋予了甲壳素许多优异性能，如良好的生物相容性、可降解性、抗菌性等。将甲壳素引入纺织纤维制备过程，可以赋予纤维产品独特的功能和附加值。例如，利用甲壳素的抗菌性，可制备出具有持久抑菌效果的功能性纺织品，在医疗、卫生等领域具有广阔应用空间。此外，甲壳素衍生物壳聚糖纤维具有优异的吸湿性和透气性，可用于开发高端舒适性内衣等产品。

藻酸盐是一类从海藻中提取的天然多糖类高分子，具有独特的凝胶性能和成膜性能。利用藻酸盐可制备出性能优异的纺织纤维。藻酸盐纤维具有高强度、高模量、耐热性好等特点，适合应用于高性能纺织品领域。同时，藻酸盐纤维还具有良好的亲水性和透气性，穿着舒适，可用于开发高端运动服饰等功能性纺织品。此外，藻酸盐还可作为纺织染料的增稠剂和固色剂，提高染色的均匀性和色牢度，降低染料用量，具有显著的环保效益。

除了甲壳素和藻酸盐，其他一些新型天然高分子如大豆蛋白、木薯淀粉等，也在纺织纤维制备中展现出良好的应用潜力。大豆蛋白纤维具有优良的亲肤性和生物相容性，可用于开发高档内衣、婴儿服饰等产品。木薯淀粉纤维手感柔软，吸湿透气性好，有望成为新一代舒适性纤维的重要选择。

随着绿色、环保、可持续发展理念的深入人心，开发新型天然高分子纺织纤维已成为行业发展的必然趋势。一方面，新型天然高分子纤维可替代部分化学合成纤维，降低对石化资源的依赖，减少环境污染；另一方面，其独特的性能和功能为开发差异化、高附加值的纺织产品提供了新的可能。未来，随着相关技术的不断进步和产业化进程的加快，甲壳素、藻酸盐等新型天然高分子纺织纤维必将在服装、家纺、医疗卫生等诸多领域得到更加广泛的应用，为推动纺织行业的绿色转型和高质量发展注入新的动力。

二、天然高分子材料在纺织品加工与改性中的应用

(一)天然染料在生态染整中的应用

天然染料与传统合成染料在性能、工艺和环境影响等方面存在明显差异。天然染料大多提取自植物、动物和矿物质,如茜草根、蓝靛、红茜、胭脂虫等,其分子结构复杂多样,染色机理独特。与之相比,传统合成染料多为石油化工产品,结构相对简单,染色原理基于特定的化学反应。在染色性能上,天然染料色泽柔和、丰富多变,具有独特的光泽和层次感,但其色牢度较差,易受光照、洗涤等因素影响而褪色。相比之下,合成染料色谱广泛,色泽鲜艳,色牢度普遍较高。但合成染料色彩相对单一,缺乏天然染料的韵味和温润感。

从染色工艺上看,天然染料多需要复杂的提取、浸泡、煮染等过程,周期较长,对水质和温度要求严格。而合成染料一般通过简单的溶解或分散,在常温常压下即可染色,效率更高。在成本方面,由于原料供给有限且提取不易,加之复杂的染色工序,天然染料的成本通常高于合成染料。但从环境影响的角度来看,天然染料显然更具优势。作为可再生资源,天然染料的原料获取对生态环境影响较小,染色过程也无须使用大量化学助剂,产生的废水毒性低,可降解性强。相比之下,合成染料生产过程消耗大量石油资源,染色中常使用重金属盐等有毒化学品,产生的废水处理难度大,长期排放会造成严重的环境污染。

正是基于天然染料在生态环保方面的独特优势,近年来天然染料重新受到业界关注,在生态染整领域得到广泛应用。一方面,随着环保意识的提高和可持续发展理念的深入人心,越来越多的消费者青睐用天然染料染制的纺织品,欣赏其自然柔和的色彩,赞同环保健康的理念。这为天然染料的应用提供了广阔的市场空间。另一方面,纺织行业日益重视减少污染、节约资源,天然染料正好契合这一发展方向。通过创新染色工艺、优化染料配方,许多企业成功研发出色牢度高、重现性好的天然染料产品,弥补了其在稳定性方面的不足。同时,一些智能化、清洁化的染色技术,如超临界流体染色、臭氧染色等,进一步提升了天然染料的染色效率和效果。

(二)天然高分子在纺织品功能整理中的应用

天然高分子材料在纺织品整理中的应用越来越广泛,尤其是在提升面料柔

软性、抗皱性和防螨性能等方面发挥着重要作用。纤维素和壳聚糖是两种最常用的天然高分子整理剂，它们环保、无毒、来源广泛，与合成整理剂相比具有独特优势。

纤维素是自然界中含量最丰富的天然高分子材料之一，广泛存在于棉、麻、木材等植物纤维中。经过适当改性，纤维素可以赋予织物出色的吸湿性、透气性和柔软性。例如，羧甲基纤维素钠(CMC)是一种阴离子型纤维素衍生物，它能够显著提高棉织物的柔软度和垂坠性，改善织物的悬垂性能和抗皱性能。同时，CMC还具有增加织物抗静电能力的作用，能够有效防止织物起球起毛。另外，羟乙基纤维素(HEC)也是一种优异的纤维素整理剂，它能够提高织物的抗皱性和回弹性，赋予织物丝滑的手感。

壳聚糖是甲壳素脱乙酰化后得到的天然碱性多糖，主要来源于虾蟹等甲壳类动物的外骨骼。壳聚糖具有优异的生物相容性、可降解性和抗菌性，是一种理想的绿色功能整理剂。研究表明，壳聚糖能够通过静电相互作用吸附在纤维表面，形成一层致密的保护膜，从而提高织物的防皱、抗菌和抗紫外性能。此外，壳聚糖还能够与阳离子染料形成络合物，提高色牢度和均匀性。值得一提的是，壳聚糖及其衍生物还具有优异的抑菌抗螨性能，能够有效抑制织物上细菌和螨虫的生长繁殖，在医疗纺织品和家用纺织品中有着广阔的应用前景。

除了纤维素和壳聚糖，其他一些天然高分子材料如藻酸钠、明胶、大豆蛋白等，也在纺织品整理中得到了越来越多的关注和应用。这些天然高分子整理剂不仅能够改善织物的服用性能，还能够赋予织物特殊的功能，如抗菌、防紫外线、保暖等。随着绿色环保理念的深入人心，以及生物技术的不断进步，天然高分子材料在纺织品整理中的应用必将更加广泛和深入。

(三)天然高分子复合改性在开发新型功能纺织品中的应用

天然高分子复合改性技术在纺织品加工中的应用前景广阔。这些技术通过将不同天然高分子材料的优势特性进行有机结合，创造出功能多样、性能优异的新型纺织品。比如，将壳聚糖与纤维素复合，可以赋予纺织品良好的抗菌、抗紫外线、吸湿排汗等功能；将蛋白质与多糖结合，则能够提升纺织品的生物相容性和环保性能。这些功能性纺织品在医疗卫生、运动休闲、户外用品等领域有着巨大的应用潜力。

从纺织工艺创新的角度来看，天然高分子复合改性技术为传统纺织加工方式注入了新的活力。以染整环节为例,利用天然高分子复合物替代传统的化学助剂,不仅能够减少有害物质的排放,还能赋予纺织品独特的色彩和触感。同时,这些复合材料在纺织品整理中也大有可为,通过对天然高分子的改性处理,可以显著提高面料的抗皱、防缩、易去污等性能,延长纺织品的使用寿命。

天然高分子复合改性技术与现代纺织设备的结合,将进一步推动纺织工艺的智能化和绿色化发展。例如,利用3D打印技术制备天然高分子复合材料,可以实现纺织品的精准设计和个性化定制;而将天然高分子材料应用于超声波染色、微波整理等新型加工工艺,则有望大幅度缩短生产周期,降低能耗和污染物排放。这些技术的应用不仅能够满足消费者日益多元化的功能性需求,也为纺织行业的可持续发展提供了新的路径。

三、天然高分子材料在服装面料中的应用

(一)天然纤维面料的特性与应用

天然纤维面料是服装面料中应用最广泛、最古老的材料之一。它们源自天然界的动植物,经过纺纱、织造等工艺加工而成,主要包括棉、麻、丝、毛等品种。这些天然纤维面料各具特色,在服用性能、舒适度、环保性等方面都有独特的优势,深受服装设计师和消费者的青睐。

棉纤维是天然纤维面料中使用最广泛的品种。棉花柔软、透气、吸湿性强,织成的面料手感细腻柔软,穿着舒适,适合制作贴身服装如内衣、T恤等。同时,棉纤维染色性能优异,可以染成各种鲜艳的色彩,设计空间大。但棉织物也存在易起皱、易变形等缺点,需要精心呵护。麻纤维则以其独特的清凉质感而备受推崇。亚麻、苎麻等麻类面料具有很强的吸湿透气性,在炎热的夏季穿着清凉舒爽。麻面料还有很好的悬垂性,能够塑造飘逸、优雅的衣服造型。不过麻织物较硬,有些扎人,而且易皱,日常穿着需要经常熨烫。

丝绸素有""纤维皇后""之称,是最高档、最奢华的天然纤维面料之一。真丝面料手感细腻柔滑、光泽度高,穿着贴身舒适,是高档衬衫、连衣裙等服装首选面料。真丝面料的强度和弹性也很出众,不易变形。但真丝较娇贵,易受损伤,清洗、保养需格外小心。毛纺面料则以羊毛最为常见,特别适合在寒冷的冬季穿着。羊毛纤维中含有天然卷曲,具有优异的保暖性,而且富有弹性,不易变形,是大衣、

西装的理想面料。但羊毛织物较厚重，透气性稍逊，而且怕水，不耐碱，日常洗涤需多加注意。

除上述主要品种外，还有很多特色的天然纤维面料，如柞蚕丝、牦牛绒等，各有其独特的性能与穿着效果。天然纤维面料的种类虽然有限，但通过不同纤维的混纺、交织，以及新的整理工艺，可以开发出风格迥异、功能各异的创新面料，满足服装设计和穿着的多样化需求。譬如，棉麻混纺面料兼具棉的柔软和麻的清凉，很适合夏季服装；羊毛与真丝交织，可以兼得羊毛的蓬松保暖和丝绸的高雅光泽，制作高档西服无疑是上佳选择。

(二)改性技术在开发新型服装面料中的应用

天然纤维在开发新型服装面料方面具有巨大潜力。纤维素、蛋白质等天然高分子材料所具备的优异性能为纺织服装行业提供了广阔的创新空间。通过对天然纤维进行物理、化学改性，可以显著提升其功能性和应用价值，满足消费者日益多元化的服装需求。

拉伸是一种常用的物理改性技术，可以显著提高天然纤维的力学性能。例如，将棉纤维进行拉伸处理，可使其强度和模量大幅提升，同时保持良好的柔软性和透气性。这种高强高模的棉纤维非常适合用于制作运动服、牛仔服等耐磨耐洗性要求高的服装面料。类似的，对麻纤维、竹纤维等进行拉伸改性，也能够提高其力学性能，扩大其在服装领域的应用范围。

镂空是另一种独特的物理改性技术，通过在天然纤维上打孔，可以调节面料的透气性、吸湿排汗性能，给穿着者带来清凉舒适的穿着体验。例如，采用激光镂空技术对棉、麻面料进行改性，制成具有特殊镂空图案的时尚服装，不仅美观大方，而且透气凉爽。结合数码喷印等现代印花工艺，镂空面料能够呈现出更加绚丽多彩的视觉效果，成为引领时尚潮流的新宠。

除了物理改性外，化学改性也是开发新型天然纤维面料的重要手段。例如，将棉纤维进行丙烯酸酯接枝改性，可以显著提高其抗皱、抗起球起毛的性能，制成免烫、易打理的高档衬衫面料。对蚕丝进行氨基硅烷化改性，则可以赋予其优异的拒水拒油性能，开发出高端的防污免洗真丝面料。此外，采用环保型染料和助剂对天然纤维进行染色改性，能够满足消费者对生态、健康服装的需求。

压花则是一种兼具装饰性和功能性的物理改性技术。通过对天然纤维面料施加热压，可以在表面形成凹凸有致的三维图案，不仅能够提升服装的审美价值，还能调节面料的触感和悬垂性。例如，将棉、麻面料进行高温压花处理，制成具有丝绸般光泽和手感的高档服装面料。结合数码喷墨印花，可以在压花面料上呈现出逼真的立体图案效果，从而为服装设计提供更多的创意空间。

(三)复合设计在开发功能性服装面料中的应用

天然高分子复合面料设计是开发功能性服装面料的重要途径。通过巧妙组合不同性能的天然纤维，可以实现面料性能的优化和功能的拓展。棉、麻、丝、毛等天然纤维各具特色，将它们进行复合，能够集多种优点于一身，弥补单一纤维的不足，满足服装面料的多元化需求。

1. 防皱性能

纯棉面料虽然舒适透气，但易皱、易变形，影响服装的美观度。而将棉与其他抗皱性好的纤维复合，如棉/丝、棉/腈纶等，可以大大改善面料的防皱性能。丝纤维天然具有优异的回弹性和抗皱性，与棉复合后，不仅保持了棉的舒适性，还提升了面料的形态稳定性和悬垂性，使服装穿着不易起皱，更加挺括有型。

2. 速干性能

纯棉面料吸湿性好，但散湿速度慢，运动时容易产生闷热黏腻感。将棉与吸湿快干性能优异的纤维复合，如棉/桑蚕丝、棉/莫代尔等，可以兼顾面料的舒适性和速干性。桑蚕丝具有独特的凹凸结构和疏水性，与棉复合后，面料的导湿性和透气性明显提高，汗水能够快速散发，保持肌肤的清爽干燥，提供更加舒适的穿着体验。

3. 抑菌防臭

羊毛纤维天然含有的羊毛脂和氨基酸具有抑菌作用，但羊毛面料偏厚重，透气性较差。将羊毛与其他轻薄透气的纤维复合，如羊毛/棉、羊毛/莫代尔等，可以在保持羊毛抑菌性能的同时，提高面料的舒适性和透气性。另外，还可以将各种天然纤维与具有抑菌作用的植物纤维复合，如棉/竹纤维、棉/麻等，利用植物纤维所含的天然抑菌成分，实现面料的持久抑菌和防臭效果。

四、天然高分子材料在服装设计与制造中的应用

(一)基于材料特性的服装设计原则

天然高分子材料作为服装设计的重要原料,其独特的性能和优势为设计师提供了广阔的创作空间。不同种类的天然纤维面料,如棉、麻、丝、毛等,都具有各自鲜明的特点,在服装设计中扮演着不可替代的角色。深入了解这些天然高分子材料的性质,充分发挥其优势,对于打造风格多样、功能完备的服装作品至关重要。

棉织物以其柔软、透气、吸湿性强等特点著称,是服装设计中最常用的面料之一。棉织物的质地轻盈,手感细腻,亲肤性佳,能够带给穿着者舒适自在的体验。在夏季服装设计中,设计师常常选用棉面料打造清新自然的风格,如宽松的棉质T恤、飘逸的棉质连衣裙等,让穿着者在炎炎夏日依然保持清爽舒适。同时,精梳棉、有机棉等高支高密的棉织物更是高档服装面料的上乘之选,其精致的质感和优越的性能,为设计师带来更多灵感。

麻面料以其独特的清凉、透气、高强度等性能而备受青睐。麻织物具有天然的吸湿排汗功能,在闷热的夏季能够有效调节身体温度,带来清爽凉快的穿着感受。麻面料还具有抗皱耐磨、垂坠感强等特点,是夏季服装设计的理想选择。设计师常常运用麻面料打造休闲简约的风格,如利落挺括的麻质西装、飘逸垂顺的麻质长裙等,彰显出一种悠然自得的时尚态度。值得一提的是,近年来新型的麻混纺面料不断涌现,如麻棉、麻丝等,进一步丰富了麻面料的质感和风格,为服装设计提供了更多可能。

丝绸素来以其高贵典雅的质感著称,在服装设计中占据着不可或缺的地位。真丝面料手感柔滑,光泽饱满,富有自然的光泽和悬垂感,能够完美勾勒身体曲线,彰显女性魅力。在高级定制服装中,设计师尤其青睐丝绸面料,利用其特有的奢华质感,打造出璀璨夺目的晚礼服、高雅精致的丝巾等,让穿着者尽显优雅气质。同时,丝绸面料还具有良好的染色性能,色彩丰富多样,为设计师的创意表达提供了广阔空间。

毛面料以其保暖、蓬松、弹性好等特点,在秋冬服装设计中占据重要地位。羊毛、羊绒、驼毛等天然动物纤维,质地柔软,触感温暖,能够有效保护身体免受寒冷侵袭。设计师常常运用毛面料打造复古优雅的风格,如修身的羊毛大衣、高领的羊绒衫等,营造出温馨雅致的冬日形象。值得注意的是,不同种类的毛面料各具特色,如澳大利亚羊毛以其纤维粗壮、支撑性好而适合制作大衣面料,羊绒则以其纤维细腻、触感柔软而适合制作高档针织服装,因而设计师需要根据服装的风格和功能,甄选合适的毛面料。

除了以上常见的天然纤维面料，设计师还可以运用其他独特的天然高分子材料，如竹纤维、莫代尔、大豆纤维等，开发出更多新颖别致的服装面料。这些新型天然纤维面料不仅具有优异的性能，如抑菌防臭、抗紫外线、生物降解等，更蕴含着环保、健康的理念，符合现代消费者的需求。设计师应积极尝试，大胆创新，充分发掘天然高分子材料的潜力，设计出更多兼具美感与功能的服装作品。

(二)面料的裁剪与缝制工艺

天然高分子面料的裁剪与缝制是服装制造过程中至关重要的环节，对服装的品质和风格有着深远影响。不同于化学合成纤维面料，天然高分子面料如棉、麻、丝、毛等具有独特的物理和化学性质，在裁剪和缝制过程中需要采取特定的技术和工艺，以充分发挥其优异性能，塑造出高品质的服装产品。

在裁剪环节，天然高分子面料的各向异性、伸缩性、悬垂性等特点必须被充分考量。裁剪时应当遵循面料的纹理和弹性方向，确保服装各部位的受力均匀，避免面料变形导致的版型失真。同时，要根据面料的厚薄、密度等选择合适的裁剪工具和压脚压力，既要确保裁剪的精准度，又要避免对面料造成损伤。例如，在裁剪丝绸等轻薄面料时，应选用锋利的小刀片和较小的压脚压力，以免面料滑动或撕裂；而在裁剪毛呢等厚重面料时，则需要使用大刀片和较大压力，以克服面料的回弹力，保证利落平整的裁剪效果。

缝制环节的针线选择、缝制参数设置、后整理处理等都会对天然高分子面料服装的外观和性能产生重要影响。针线的选择要考虑与面料的相容性，如针距密度、线迹粗细要与面料的厚薄、疏密相适应，以免造成面料的损伤或接缝处的不平整。缝纫机的送料牙距、针杆运动轨迹等参数设置也需根据面料特性进行调整，既要确保缝合的牢固，又要避免接缝处的拉伸变形。此外，天然面料在缝制后往往需要进行整烫定型、水洗等后整理处理，以消除缝制过程中产生的褶皱，恢复面料的自然风貌，提升服装的悬垂性和舒适性。

裁剪与缝制的细节处理对天然高分子面料服装的品质和风格也有着微妙的影响。例如，在裁剪衬衫时，要注意袖山、袖窿等曲线部位的圆滑过渡，避免出现尖角、缺口等瑕疵；在裁剪大衣时，要考虑门襟、下摆等关键部位的垂直悬垂和平服，体现出服装的挺括有型；而在缝制牛仔裤时，要着重处理裤脚线迹的粗犷工艺，塑造出随性不羁的休闲风格；在缝制真丝连衣裙时，则要注重领口、袖口等细节的精致柔美，展现出优雅灵动的女性魅力。

(三)染料与后整理技术在提升服装性能中的应用

天然高分子染料在服装染整中的应用日益受到关注。与传统合成染料相比，天然染料具有环保、安全、色彩柔和等优势，更符合现代消费者对生态时尚的追求。在服装染色过程中，采用天然高分子染料不仅能够赋予服装独特的色彩效果，还能提升服装的舒适性和功能性。

从色彩角度来看，天然高分子染料能够呈现出丰富多样的色彩。不同种类的天然染料，如茜草红、靛蓝、桑皮黄等，各具特色，染制的服装色彩柔和、高雅，散发出天然的魅力。通过对染料的提取、精制和复配，还能够得到更加丰富的色彩，满足服装设计师对色彩的多样化需求。与此同时，天然高分子染料的色牢度也有了显著提高，经过合理的染色工艺处理，所染服装能够经受日晒、水洗等考验，色彩持久鲜艳。

从功能性角度来看，采用天然高分子染料染制的服装具有良好的生理舒适性。天然染料来源于植物、动物等天然物质，不含有毒有害物质，对皮肤无刺激，尤其适合婴幼儿等敏感人群穿着。部分天然染料还具有抑菌、防紫外线、除臭等特殊功能，进一步提升了服装的附加值。例如，采用青黛、紫草等中药染料染制的服装，具有一定的药用保健功效，深受消费者青睐。

在服装后整理环节，天然高分子材料也大有可为。利用壳聚糖、明胶等天然物质对织物进行整理，可以改善服装的悬垂性、抗皱性等，使其外观更加挺括、舒展。同时，这些天然高分子材料对人体无害，不会引起过敏等不良反应，彰显了服装的健康环保属性。值得一提的是，采用天然高分子材料整理的服装还具有一定的抗静电、吸湿排汗等功能，穿着更加舒适。

第三节　天然高分子材料在能源领域的应用

一、天然高分子材料在生物能源领域的应用

(一)生物柴油生产应用

天然高分子材料在生物柴油生产中的应用前景广阔，这主要归功于其独特的催化性能和环境友好特性。淀粉、纤维素等可再生的天然高分子不仅来源丰富，而且具有优异的催化活性和选择性，能够高效地将油脂原料转化为生物柴油。与

传统的化学催化剂相比，天然高分子催化剂具有可降解、无毒、易回收等优点，符合绿色化学的理念，在生物柴油产业的可持续发展中占据重要地位。

淀粉是一种储量丰富的天然多糖，由葡萄糖单元通过 α－1,4－糖苷键和 α－1,6－糖苷键连接而成。研究发现，经过磺酸化改性的淀粉展现出优异的固体酸催化性能，能够高效催化油酸甲酯的合成。磺酸化淀粉催化剂制备工艺简单，催化活性高，且可多次循环使用，有望替代传统的硫酸等液体酸催化剂，实现生物柴油生产过程的绿色化。此外，淀粉基催化剂还可通过调控磺酸化程度和颗粒形貌，进一步提升其催化性能和稳定性。

纤维素是自然界中含量最为丰富的天然高分子之一，广泛存在于木材、农作物秸秆等植物中。经过水解、氧化等化学改性，纤维素可转化为功能化的纳米材料，如纤维素纳米晶体和纤维素纳米纤维。这些纤维素基纳米材料不仅比表面积大、吸附性能强，而且具有独特的表面化学性质，能够用作高效的非均相催化剂载体。将离子液体、磷钨酸等活性物种负载于纤维素纳米材料表面，可构建多相催化体系，进行油脂原料的高效酯交换反应，生产高品质的生物柴油。

除淀粉和纤维素外，壳聚糖、藻酸盐等天然高分子材料也展现出良好的催化性能和应用潜力。壳聚糖是甲壳素脱乙酰化制得的碱性多糖，富含大量氨基和羟基官能团。研究表明，壳聚糖改性炭材料对棕榈油酯交换反应具有优异的催化活性和选择性，产物收率高达 98%。藻酸盐是从褐藻中提取的天然多糖，经离子交联可制备成型催化剂。藻酸钙催化剂在大豆油酯交换反应中表现出良好的催化性能，且制备简单、成本低廉、环境友好。

（二）生物质制氢应用

生物质氢能作为一种清洁、可再生的能源形式，在当前能源紧缺和环境污染日益严重的背景下备受关注。然而，传统的生物制氢技术存在效率低、成本高等问题，限制了其大规模应用。近年来，以藻类、细菌等为载体的生物制氢技术取得了重要进展，为生物质氢能的开发利用提供了新的思路和方法。

1. 藻类光合制氢

藻类光合制氢是一种极具潜力的生物制氢途径。在厌氧条件下，某些绿藻如衣藻、小球藻等能够通过固氮酶或氢化酶催化产氢。与其他生物制氢方式相比，藻类光合制氢具有原料丰富、转化效率高、环境友好等优势。近年来，研究人员通过代谢工程策略，如敲除竞争途径基因、过表达氢化酶基因等，显著提高了藻类产氢效率。同时，通过优化培养条件、构建藻菌共培养体系等方法，也有效促进了藻类制氢过程。尽管取得了可喜进展，但藻类光合制氢仍面临产氢速率低、氢气积累易逸出等瓶颈问题，实现规模化应用尚需攻克诸多技术难题。

2.细菌制氢

细菌制氢是利用微生物发酵代谢产生氢气的过程。与藻类相比，细菌生长速度快、遗传操作相对简单，在生物制氢领域也有广泛应用。产氢细菌主要包括兼性厌氧菌，如大肠杆菌、梭菌属细菌，以及严格厌氧菌如产乙酸菌等。这些细菌能够以葡萄糖、淀粉、纤维素水解液等多种含碳物质为底物，通过暗发酵产氢。为了提高细菌制氢效率，研究人员开展了大量的代谢工程改造和发酵工艺优化工作。例如，通过抑制乳酸、丁酸等竞争途径，可显著提高氢气产量；而采用连续发酵、两相发酵等新型发酵模式，则提高了氢气转化速率和底物利用率。此外，一些研究还探索了光合细菌与发酵细菌组成的人工微生物菌群，实现了产氢一产甲烷的耦合，进一步拓展了细菌制氢的应用范围。

二、天然高分子材料在储能材料领域的应用

(一)锂离子电池应用

天然高分子材料在锂离子电池中的应用已成为当前研究热点。纤维素、木质素等天然高分子材料以其来源广泛、价格低廉、环境友好等优点，在电极材料和电解质领域展现出巨大的应用潜力。

纤维素是自然界中含量最丰富的天然高分子材料之一，其独特的分子结构赋予其优异的机械性能和化学稳定性。研究表明，以纤维素为原料制备的碳纳米材料具有比表面积大、导电性好、电化学稳定性高等特点，非常适合作为锂离子电池的负极材料。通过对纤维素进行化学改性和热处理，可以显著提高其导电性和比容量，使其电化学性能接近或超过商业化石墨负极。此外，纤维素基碳材料还具有柔韧性好、加工性能优异的特点，有利于实现电池的柔性化设计。

木质素是植物细胞壁的主要组成成分之一，其含有大量的酚羟基，化学活性较高。研究发现，以木质素为前驱体制备的多孔碳材料具有比表面积高、孔道发

达、官能团丰富等特点，可以显著提高电极材料的比容量和倍率性能。同时，木质素基碳材料还展现出优异的电化学稳定性和循环寿命，有望用于高性能锂离子电池负极材料。值得一提的是，木质素来源丰富，提取工艺简单，成本低廉，非常有利于其大规模应用。

除了作为电极材料，天然高分子材料在锂离子电池电解质领域也有广阔的应用前景。传统的液态电解质存在泄漏、易燃等安全隐患，而以纤维素、壳聚糖等天然高分子材料为基体的固态电解质则可以有效克服这些问题。研究表明，天然高分子基固态电解质具有离子电导率高、电化学稳定窗口宽、与电极兼容性好等优点，能够显著提高电池的安全性和可靠性。同时，天然高分子材料可再生、可降解，有利于实现电池的绿色化和可持续发展。

（二）超级电容器应用

天然高分子材料在超级电容器领域展现出广阔的应用前景。超级电容器作为一种新型储能器件，具有功率密度高、充放电速率快、循环寿命长等优势，在电动汽车、智能电网、可穿戴智能设备等领域得到日益广泛的应用。而以多糖类天然高分子为原料制备超级电容器电极材料，则进一步突显了天然高分子材料的独特优势和巨大潜力。

多糖类天然高分子，如淀粉、纤维素、几丁质等广泛存在于自然界中，具有来源丰富、价格低廉、环境友好等特点。利用多糖类天然高分子制备超级电容器电极材料，不仅能够降低生产成本，还能实现材料的可再生和可降解，符合当前绿色可持续发展的理念。更为重要的是，多糖类天然高分子所特有的多孔结构和丰富的表面官能团，为构建高性能超级电容器电极材料提供了天然优势。

通过对多糖类天然高分子进行化学改性和结构调控，可以显著提升其比表面积和导电性能，从而获得性能优异的超级电容器电极材料。例如，研究者利用水热法将淀粉与石墨烯复合，制备出比表面积高达 2000m2/g 的复合电极材料，其比电容量达到了 350 F/g，远超传统活性炭电极。类似的，通过对纤维素进行碳化和活化处理，可以制备出比表面积高达 3000m2/g 的多孔炭电极，其能量密度和功率密度均显著提升。

除了对天然高分子进行改性外，构建天然高分子基复合电极材料也是一个有效策略。通过与导电聚合物、过渡金属氧化物等材料复合，可以发挥各组分的协同效应，获得兼具高比表面积、高导电性、高赝电容的复合电极材料。例如，将几丁质与聚苯胺复合，制备出的电极材料比电容量高达 1200F/g，且循环稳定性良好，在 10000 次充放电后容量保持率仍超过 90%。

天然高分子基超级电容器电极材料的应用潜力不仅体现在性能方面，还表现为其独特的柔性和可塑性。得益于天然高分子的结构特点，可以方便地将电极材料加工成膜、纤维、海绵等多种柔性形态，从而满足柔性电子器件对能源存储模块的需求。这为可穿戴设备、柔性显示、智能织物等新兴领域的发展提供了新的机遇。

三、天然高分子材料在节能材料领域的应用

(一)绝热隔热材料

天然高分子材料作为绝热隔热材料，以其优异的性能和环保特性受到广泛关注。纤维素和蛋白质等天然高分子，通过物理或化学改性制备成多孔结构的气凝胶，展现出低密度、低导热系数、高比表面积等独特优势，在建筑节能领域具有广阔的应用前景。

纤维素气凝胶是以植物纤维素为原料，通过溶胶－凝胶过程制备而成的一种多孔轻质材料。纤维素分子链上丰富的羟基，使其具有优异的亲水性和化学反应活性。利用这一特点，研究人员通过物理交联或化学交联等方法，将纤维素分子链互相连接，形成三维网络结构，再经过溶剂置换和超临界干燥，最终得到纤维素气凝胶。这种气凝胶材料具有极低的密度(0.003～0.15g/cm3)和导热系数[0.015～0.020W/(m·K)]，与传统无机绝热材料相比，导热系数最多可降低 90%。同时，纤维素气凝胶还具有良好的阻燃性和热稳定性，使用温度在 200～300℃，能够满足建筑防火安全的要求。

蛋白质气凝胶则主要利用了其独特的分子结构和自组装特性。以最具代表性的丝素蛋白为例，由于分子链中疏水区和亲水区的存在，丝素蛋白可通过自组装形成β折叠，构建有序排列的纳米纤维，进而形成多孔互联的三维网络。与纤维素气凝胶类似，蛋白质气凝胶也具有极低的密度(0.01～0.03g/cm3)和导热系数[0.022～0.026W/(m·K)]。此外，蛋白质气凝胶还表现出优异的吸附性能、生物相容性和可降解性，在建筑领域具有广泛的应用潜力。例如，将蛋白质气凝胶作为吸附剂，可用于室内空气净化，去除甲醛等有害物质；而其生物相容性和可

降解性则为建筑垃圾的资源化利用提供了新的思路。

在制备工艺方面，纤维素和蛋白质气凝胶的制备过程虽然存在一定差异，但基本原理相似，都需经历溶胶制备、溶剂置换、干燥等关键步骤。制备过程中常采用超临界二氧化碳(CO2)干燥技术，在保持凝胶骨架完整的同时，实现气凝胶的低密度和纳米多孔结构。为了进一步提高气凝胶的力学性能，可在制备过程中引入纳米纤维材料进行复合，如碳纳米管、石墨烯等。这不仅能增强气凝胶的抗压强度，还能赋予其导电、导热、吸波等多功能特性。

(二)节能建筑应用

植物纤维增强复合材料在节能建筑中的应用，尤其是在墙体保温领域，展现出广阔的发展前景。植物纤维作为一种可再生、环保、低成本的天然高分子材料，具有优异的物理化学性能，如低密度、高比强度、良好的热绝缘性等，这些特性使其成为理想的建筑保温材料。将植物纤维与水泥、石膏等基体材料复合，可以显著改善复合材料的力学性能、隔热隔音性能和耐久性能，同时还能降低建筑能耗，实现节能减排的目标。

从力学性能来看，植物纤维具有较高的比强度和比模量，这主要得益于其独特的微观结构。以亚麻纤维为例，其纤维细胞壁由纤维素、半纤维素和木质素组成，纤维素微纤丝呈螺旋状排列，形成了天然的复合结构。当纤维受到外力作用时，这种结构能够有效地分散应力，提高材料的抗拉强度和韧性。将植物纤维与水泥基体复合，可以弥补水泥基材料强度低、韧性差的缺陷，制备出兼具高强度和高韧性的复合材料。相关研究表明，添加5%～10%的亚麻纤维，可使水泥基复合材料的抗压强度提高30%～50%，抗折强度提高近1倍。

在隔热隔音性能方面，植物纤维展现出明显优势。纤维材料内部存在大量微孔隙，能够阻碍热量和声音的传递，起到隔热隔音的效果。以稻草纤维为例，其导热系数仅为0.046W/(m·K)，远低于实心黏土砖的0.81W/(m·K)，具有良好的保温隔热性能。将植物纤维应用于墙体保温，可以有效降低建筑能耗，改善室内热环境。有研究对比了植物纤维复合保温板与传统聚苯乙烯泡沫塑料保温板的隔热效果，结果表明，在相同保温层厚度下，植物纤维复合保温板的传热系数比聚苯乙烯泡沫塑料保温板低18%，能够实现更优异的节能效果。

植物纤维增强复合材料的耐久性能也不容忽视。天然植物纤维含有一定量的吸湿基团，容易受到水和碱的侵蚀，导致材料力学性能下降。为了提高复合材料的耐久性,研究者采取了多种措施,如对纤维进行表面改性处理、优化纤维与基体的界面结合、添加抗碱剂等。经过改性处理的植物纤维,其抗水解、抗碱性能明显提升,与基体的界面黏结强度也显著增强。加拿大达尔豪斯大学的研究人员采用碱处理和硅烷偶联剂处理相结合的方法,制备了耐久性能优异的亚麻纤维增强水泥基复合材料,经过300个冻融循环后,复合材料的抗压强度仍保持在30MPa以上,展现出良好的长期使用性能。

从经济和环保角度来看,植物纤维增强复合材料也具有显著优势。植物纤维来源广泛,价格低廉,加工工艺简单,能够大大降低材料和能源成本。以稻草为例,每年我国生产的稻草资源总产量约7.4亿吨,但大部分被焚烧或闲置,造成严重的资源浪费和环境污染。将废弃稻草加工成纤维,应用于建筑保温材料,不仅能变废为宝、提高经济效益,还能减少秸秆焚烧带来的环境问题,体现出植物纤维材料的巨大应用潜力和生态价值。

四、天然高分子材料在能源环境领域的应用

(一)污水处理应用

天然高分子材料在污水处理中展现出巨大的应用潜力。纤维素、壳聚糖等天然高分子材料具有优异的吸附性能,可高效去除污水中的重金属离子和有机染料,在废水深度处理和资源化利用方面发挥着重要作用。

纤维素是自然界中含量最为丰富的天然高分子材料之一,具有来源广泛、价格低廉、生物相容性好等优点。纤维素分子链上含有大量的羟基,能够与重金属离子形成配位键,通过静电引力、配位作用、络合作用等实现对重金属的高效吸附。研究表明,经过化学改性的纤维素吸附剂对铅、汞、镉等重金属离子具有优异的吸附性能,最大吸附量可达数百毫克每克。同时,纤维素基吸附剂还能通过疏水作用、π—π堆积、静电吸引等作用机理吸附去除水中的阳离子染料、酸性染料等有机污染物,在印染废水处理中展现出广阔的应用前景。

壳聚糖是甲壳素经脱乙酰化制得的天然氨基多糖,生物相容性好,对环境友好。壳聚糖分子结构中同时含有氨基、羟基等活性官能团,能够通过离子交换、螯合配位等作用高效吸附水中的重金属离子。研究发现,壳聚糖对汞、铅、镉、铜等重金属离子具有极高的吸附容量和选择性,吸附容量可达几百至上千毫克每克,

远高于传统吸附剂。此外，壳聚糖还可用于吸附去除水中的阴离子染料如活性艳蓝、酸性橙等，在染料废水处理中发挥重要作用。经壳聚糖处理后的染料废水可实现达标排放，大幅降低了环境风险。

(二)二氧化碳捕集材料

天然高分子材料作为二氧化碳捕集材料，在应对全球变暖和实现碳中和目标的进程中扮演着至关重要的角色。传统的二氧化碳捕集技术，如化学吸收法和物理吸附法，存在能耗高、成本高、再生困难等问题。而以氨基化纤维素等天然高分子为吸附剂对烟道气中二氧化碳进行捕集，则展现出环境友好、成本低廉、吸附容量大、再生性能好等优势，引起了学术界和产业界的广泛关注。

纤维素是自然界中含量最为丰富的天然高分子材料之一，其独特的化学结构赋予了其优异的二氧化碳吸附性能。纤维素分子链上含有大量的羟基，可以通过化学修饰引入氨基官能团，从而大幅提升其对二氧化碳的化学吸附能力。氨基化纤维素对二氧化碳的吸附机理主要包括两方面：一是氨基与二氧化碳分子之间的化学反应生成氨基甲酸盐，二是纤维素骨架结构中的孔隙对二氧化碳的物理吸附。研究表明，经过氨基改性的纤维素吸附剂对二氧化碳的吸附量可达到 4.12 mmol/g，显著高于未改性的纤维素吸附剂。

除纤维素外，其他天然高分子材料如壳聚糖、木质素等也被广泛用于制备二氧化碳吸附材料。壳聚糖是甲壳素脱乙酰化后的产物，其分子链上富含氨基和羟基官能团，对二氧化碳具有优异的化学吸附性能。研究发现，壳聚糖基二氧化碳吸附材料的吸附容量可达 3.75 mmol/g，且具有良好的选择性和再生性能。木质素是植物细胞壁的主要组成成分之一，含有酚羟基、醇羟基和羧基等活性基团，可作为制备二氧化碳吸附材料的理想前驱体。将木质素与聚乙烯亚胺复合，可制备出对二氧化碳吸附量高达 5.42 mmol/g 的木质素基吸附剂，表现出巨大的应用潜力。

与传统的无机吸附剂相比，天然高分子材料在二氧化碳吸附领域展现出独特的优势。首先，天然高分子来源广泛、价格低廉，可大大降低二氧化碳捕集的成本；其次，天然高分子材料对环境友好，易于降解，符合可持续发展理念；再者，天然高分子具有丰富的化学修饰位点，可通过表面改性调控其物理化学性质和吸附性能，实现二氧化碳吸附过程的精准设计与控制。

第四节　天然高分子材料在化工领域的应用

一、天然高分子材料在塑料工业的应用

天然高分子材料在塑料工业中的应用已成为推动塑料产业绿色发展的重要途径。随着环保意识的日益增强和可持续发展理念的深入人心，利用可再生资源制备高性能塑料已成为行业的共识和努力方向。天然高分子材料以其来源广泛、价格低廉、可降解等优点，在塑料工业中展现出巨大的应用潜力。

(一)淀粉

淀粉是最早应用于塑料工业的天然高分子材料之一。作为一种储量丰富、价格低廉的可再生资源，淀粉在塑料制品中的应用已有数十年的历史。早期主要将淀粉作为塑料的填充剂，以降低产品成本。随着技术的进步，人们开始将淀粉与合成高分子材料复合，制备出兼具良好力学性能和生物降解性的淀粉基塑料。这类材料在农用地膜、一次性餐具、包装材料等领域得到广泛应用，有效缓解了传统塑料带来的环境压力。

(二)纤维素

纤维素是自然界中含量最为丰富的天然高分子之一，其在塑料工业中的应用也备受关注。纤维素及其衍生物可作为增强填料掺入塑料基体，显著提升材料的力学性能和热稳定性。同时，纤维素基塑料也具有良好的生物相容性和生物降解性，在生物医用材料领域具有广阔的应用前景。值得一提的是，纳米纤维素因其优异的力学性能和独特的表面化学特性，成为塑料工业的““明星材料””。将纳米纤维素引入塑料基体，可使材料的强度和模量大幅提升，有望实现塑料制品的减量化和高性能化。

(三)蛋白质材料

蛋白质材料如大豆蛋白、小麦面筋等，也是塑料工业的理想原料。这类材料

富含多种氨基酸，分子链上含有大量的活性基团，易于进行化学改性。通过与塑料基体共混、接枝等方法，可赋予材料以优异的力学性能、耐水性和阻隔性。目前，大豆蛋白基塑料已在农业育苗盒、园林绿化等领域崭露头角，展现出良好的应用效果和经济价值。

二、天然高分子材料在橡胶工业的应用

天然高分子材料在橡胶工业中的应用日益广泛，成为推动橡胶产业绿色发展的重要力量。天然橡胶作为最主要的天然高分子材料之一，以其优异的综合性能和可再生特性，在轮胎、胶管、胶带等橡胶制品的生产中发挥不可替代的作用。近年来，随着合成橡胶价格的上涨和环保意识的增强，以天然橡胶为代表的天然高分子材料在橡胶工业中的地位进一步提升，其应用范围不断拓展，应用水平持续提高。

从性能角度看，天然橡胶具有优异的弹性、抗撕裂性、耐磨性和高强度等特点，能够满足橡胶制品对机械性能的高要求。同时，天然橡胶还具有良好的加工性能和黏合性能，便于与其他材料复合，制备高性能橡胶复合材料。与合成橡胶相比，天然橡胶的综合性能更加平衡，在许多领域具有无可替代的优势。因此，在轮胎、减震制品、胶管等对性能要求较高的橡胶制品中，天然橡胶是最优选择。

从经济角度看，天然橡胶价格相对稳定，且作为可再生资源，其供应更有保障。相比之下，合成橡胶受石油价格波动影响较大，价格不确定性高，供应风险大。因此，以天然橡胶为主要原料，能够有效降低橡胶制品的生产成本，提高企业抗风险能力。这对于促进橡胶产业的健康持续发展具有重要意义。

从生态角度看，天然橡胶是可再生、可降解的绿色材料，其生产和使用过程对环境影响小。相比之下，合成橡胶多以石油为原料，生产过程能耗高、污染大，且难以降解，容易引起““白色污染””。随着可持续发展理念的深入人心，发展绿色橡胶工业已成为全社会的共识。在这一背景下，以天然橡胶为代表的天然高分子材料必将在橡胶工业中扮演越来越重要的角色。

在应用实践中，天然橡胶与其他高分子材料的复合改性，成为发挥其优势、拓展其应用的重要途径。通过与合成橡胶、塑料等材料共混，可以在保留天然橡胶优异性能的同时，改善其耐老化性、耐油性等短板，满足不同领域的应用需求。例如，在轮胎制造中，天然橡胶与丁苯橡胶的复合，既保证了轮胎的高强度和耐磨性，又提升了其抗湿滑性能，大大提高了轮胎的安全性和使用寿命。

三、天然高分子材料在涂料与黏合剂领域的应用

天然高分子材料在涂料与黏合剂领域的应用广泛且潜力巨大。随着绿色环保和和可持续发展理念的深入人心，天然高分子材料凭借其可再生、可降解、无毒无害等优点，正在逐步取代传统的合成高分子材料，成为涂料与黏合剂行业的新宠。

纤维素及其衍生物是最具代表性的天然高分子涂料与黏合剂原料之一。木材、棉花等植物中富含纤维素，经过适当改性后可制备成各种类型的涂料与黏合剂产品。羧甲基纤维素钠作为一种重要的纤维素醚，具有优异的增稠、分散、成膜性能，常被用作水性涂料的增稠剂和黏结剂。羟丙基纤维素（HPC）则因其独特的流变性和表面活性，在涂料中发挥着无可替代的作用，可有效改善涂料的流平性、抗流挂性、光泽度等性能指标。

淀粉是另一类备受青睐的天然高分子涂料与黏合剂原料。淀粉具有价格低廉、来源丰富、易改性等优点。通过酯化、醚化、接枝共聚等化学改性手段，可赋予淀粉更优异的物理化学性质，使其在涂料与黏合剂领域大展拳脚。预糊化淀粉经常被用作水性木器涂料的增稠剂，可明显提高涂料的稳定性和涂膜硬度。氧化淀粉则是一种性能优异的黏合剂，在瓦楞纸板、护角条等包装材料的生产中发挥着关键作用。此外，淀粉还可与其他天然或合成聚合物复配，制备高性能的复合涂料与黏合剂。

蛋白质类天然高分子材料同样在涂料与黏合剂领域占据重要地位。大豆蛋白、豌豆蛋白、小麦蛋白等植物蛋白，由于具有优异的成膜性、黏结性和生物相容性，常被用于制备环保型木器涂料和食品包装黏合剂。动物源性蛋白如明胶、酪蛋白则主要应用于高端木器涂料和特种黏合剂领域。经过改性的蛋白基涂料与黏合剂，不仅性能优异，而且具有良好的生物降解性，符合可持续发展理念。

四、天然高分子材料在包装材料领域的应用

（一）食品包装应用

天然高分子材料在食品包装中的应用日益广泛，这得益于其独特的物理化学

性质和优异的生物相容性。与传统的合成材料相比,天然高分子材料具有可再生、可降解、无毒无害等优点,更加符合当前食品包装行业的绿色环保理念。在食品包装领域,天然高分子材料主要用于制备食品包装膜、食品包装容器和食品包装辅助材料等。

1. 食品包装膜

天然高分子材料如纤维素、壳聚糖、淀粉等,可以通过成膜技术制备成透明、高阻隔性的食品包装膜。这些膜材料不仅能够有效阻隔氧气、二氧化碳等气体,延长食品的保质期,还具有良好的机械强度和热封性能,便于工业化生产和使用。值得一提的是,天然高分子材料制备的食品包装膜还可以作为食品的可食用包装,既可以保护食品,又可以作为食品添加剂,提升食品的营养价值和口感风味。

2. 食品包装容器

传统的塑料包装容器虽然便捷易得,但其难以降解的特性可能会对环境造成负担。相比之下,以纤维素、淀粉等为原料制备的天然高分子包装容器,不仅具有优异的力学性能和阻隔性能,而且可以在自然条件下完全降解,真正实现食品包装的可持续发展。目前,国内外已经出现了多种以天然高分子为原料的食品包装容器,如淀粉基发泡包装材料、纤维素基注塑包装容器等,二者在蔬果、熟食等食品的包装中得到广泛应用。

3. 食品包装辅助材料

例如,将纳米纤维素与塑料复合,可以显著提高包装材料的力学强度和阻隔性能;将壳聚糖引入包装材料,则可以起到抑菌保鲜的作用。近年来,随着活性包装技术的发展,天然高分子材料在其中的应用也备受关注。研究人员通过将天然抗菌物质、香精香料等活性物质引入天然高分子基体,制备出了多种新型功能性食品包装材料,不仅能够延长食品保质期,还能够改善食品的感官品质。

(二)药品包装应用

天然高分子材料在药品包装中的应用日益受到关注。随着人们对药品质量和安全性要求的提高，传统的合成材料已难以满足日益提高的标准。天然高分子材料以其优异的生物相容性、可降解性和环境友好性，为药品包装领域带来了新的机遇和挑战。

从生物相容性角度看，天然高分子材料与人体组织具有良好的相容性，不会引起过敏反应或其他不良反应。这一特性对于直接接触药品的包装材料尤为重要。例如，采用淀粉、纤维素等天然多糖类材料制成的胶囊，能够在人体内安全降解，避免了药物残留对人体的潜在危害。同时，壳聚糖等天然高分子还具有一定的药物缓释作用，有助于提高药物的生物利用度。

从可降解性角度看，天然高分子材料能够在自然条件下降解，减少了包装废弃物对环境的污染。相比之下，传统的塑料包装材料往往难以降解，造成了““白色污染””问题。而以淀粉、纤维素为原料的生物降解性药品包装，不仅性能优越，而且能够在特定条件下降解为二氧化碳和水，实现生态良性循环。这对于推动药品包装的绿色化、可持续发展具有重要意义。

从环境友好性角度看，天然高分子材料的应用有助于减少化石资源的消耗，降低碳排放。合成塑料的生产需要大量石油等不可再生资源，而天然高分子材料则主要来源于植物，具有可再生性。以聚乳酸为例，它以玉米、木薯等植物为原料，通过微生物发酵得到乳酸，再经过缩聚反应制备而成。整个过程只需消耗少量能源，而产生的二氧化碳可被植物吸收，实现碳平衡。因此，推广天然高分子药品包装材料是贯彻落实绿色发展理念的重要举措。

(三)化妆品包装应用

天然高分子材料在化妆品包装中的应用日益广泛，这源于其独特的物理化学性质和优异的生物相容性。与传统的石油基塑料相比，天然高分子材料具有可再生、可生物降解、无毒无害等特点，更加符合化妆品包装材料的安全性和环保性要求。

从材料性能角度来看，许多天然高分子材料如壳聚糖、纤维素、淀粉等，具有良好的成膜性、透气性和屏障性，能够有效阻隔氧气、水蒸气等影响化妆品品质的因素。同时，这些材料还具有一定的柔韧性和抗拉伸强度，能够满足化妆品包装对材料机械性能的要求。另外，一些天然高分子材料还具有独特的热塑性，可以通过热成型工艺制备出各种形状和尺寸的包装容器，极大地拓宽了其应用范围。

从生物学特性角度来看，天然高分子材料的生物相容性和生物功能性为其在化妆品包装中的应用提供了新的可能。例如，壳聚糖具有优异的抗菌性和促进伤口愈合的功效，将其应用于化妆品包装，不仅能够延长产品保质期，还能够为皮肤提供额外的呵护。又如，一些天然多糖类物质具有保湿、养护皮肤的作用，将其引入化妆品包装材料，能够在产品储存和使用过程中发挥功效，提升产品附加值。

从环保与可持续发展角度来看，天然高分子材料在化妆品包装中的应用具有重要意义。传统塑料包装材料难以降解，废弃后会对环境造成长期危害。而天然高分子材料来源广泛，可再生，废弃后能够被微生物分解，最终实现物质的循环，符合可持续发展理念。同时，利用天然高分子材料替代传统塑料，还能够减少化石资源消耗，降低碳排放，为应对气候变化贡献力量。

参考文献

[1]钱立军,王澜.高分子材料[M].北京:中国轻工业出版社,2020.

[2]段久芳.天然高分子材料与改性[M].北京:中国林业出版社,2020.

[3]赵跃跃,叶梅.高分子材料科技创新与平台服务[M].上海:上海交通大学出版社,2022.

[4]陈绍军.高分子材料分析与性能检测[M].北京:中国石化出版社,2023.

[5]江登榜.高分子材料导论[M].北京:中国原子能出版社,2022.

[6]张倩.药用高分子材料学[M].成都:四川大学出版社,2021.

[7]高长有.高分子材料概论[M].北京:化学工业出版社,2018.

[8]廖学品,肖霄,郭俊凌.天然高分子材料[M].成都:四川大学出版社,2022.

[9]王明环.聚磷腈功能高分子材料应用研究[M].北京:中国原子能出版社,2023.

[10]庄倩倩.生物降解高分子材料及其应用现状研究[M].北京:中国纺织出版社有限公司,2020.

[11]窦强.高分子材料[M].北京:科学出版社,2021.

[12]蹇锡高,张守海,等.功能性高分子材料[M].北京:科学出版社,2023.

[13]储富祥,王春鹏,孔振武,等.生物基高分子新材料[M].北京:科学出版社,2021.

[14]贺英.高分子合成与材料成型加工工艺[M].北京:科学出版社,2021.

[15]贾红兵.高分子材料[M].4版.北京:高等教育出版社,2023.